家禽健康养殖丛书

鹌鹑
健康养殖技术

ANCHUN JIANKANG YANGZHI JISHU

主编◎蒲跃进 徐小娟 副主编◎潘爱銮 申杰

U0232583

长江出版传媒 湖北科学技术出版社

图书在版编目（CIP）数据

鹌鹑健康养殖技术 / 蒲跃进, 徐小娟主编 . — 武汉：
湖北科学技术出版社, 2018.11（2020.11重印）
（家禽健康养殖丛书）
ISBN 978-7-5706-0560-6

Ⅰ . ①鹌… Ⅱ . ①蒲… ②徐… Ⅲ . ①鹌鹑－饲养管理
Ⅳ . ① S839

中国版本图书馆 CIP 数据核字（2018）第 254199 号

责任编辑：黄主梅　赵襄玲　　　　　　封面设计：胡　博

出版发行：湖北科学技术出版社　　　　邮　　编：430070
地　　址：武汉市雄楚大街 268 号　　电　　话：027-87679468
　　　　　（湖北出版文化城 B 座 13~14 层）
网　　址：http://www.hbstp.com.cn

印　　刷：武汉中科兴业印务有限公司　　邮　　编：430071

880×1230　　　1/32　　　6 印张　　　　120 千字
2018 年 11 月第 1 版　　　　2020 年 11 月第 2 次印刷
　　　　　　　　　　　　　　　　　定　　价：16.80 元

前　言

　　鹌鹑是家禽生产中体型最小的品种之一，具有产蛋多、耗料少、效益高等特点。鹌鹑产品素有"动物人参"的美誉，食用价值和食疗功效俱佳，已成为国内外禽类消费市场的新宠，对推动鹌鹑产业高效发展起到了积极的推动作用。

　　根据 2012 年的市场调查，我国每年蛋用鹌鹑养殖量约 5 亿只，肉用鹌鹑养殖量约 3 亿只，鹌鹑养殖数量居世界第一，同时，单栋鹌鹑养殖规模也从最初的几千只达到目前的几万只甚至十几万只。然而，随着鹌鹑养殖规模和数量的增加，鹌鹑生产中对鹌鹑品种选择、饲料营养调配、设施设备配套、疫病防控等提出了更高更细致的要求，需要从事鹌鹑生产科研的工作者对新形势下鹌鹑生产实践进行重新总结，以最大限度地适应当前鹌鹑产业发展的需要，为实现鹌鹑生产标准化、规范化提供健康养殖技术。基于以上原因，我们在鹌鹑选育工作的基础上，结合多年来开展鹌鹑生产的实践经验以及已有的鹌鹑生产技术资料，对鹌鹑生产管理技术进行总结凝练，编辑成书，以期为广大鹌鹑从业者提供技术支撑。

　　在本书的编写过程中，各位同事、朋友均给予了充分的支持和帮助，在此一并表示感谢。由于编者水平有限，书中不足之处在所难免，敬请广大同行不吝赐教。

编　者

2018 年 10 月

目　录

鹌鹑健康养殖技术
ANCHUN JIANKANG YANGZHI JISHU

第一章　概　　述

鹌鹑简称鹑，属鸟纲，鸡形目，雉科，鹌鹑属，是目前饲养家禽中体型最小的品种，也是家禽生产中重要的特禽之一。家养鹌鹑由野鹌鹑驯化而来，其外形和雏鸡相似，头小，喙长，尾巴短。经过长期的遗传改良，家鹑在生理特性等方面与野生鹌鹑存在明显差别，如家鹑的颜色变深、体型变大、体重增加、繁殖力增强、丧失了抱窝就巢的习性和迁徙的能力等。由于家养鹌鹑具有生长快、适应性强、成熟早、产蛋多、耗料少、生长周期短、营养价值高、可作为实验动物等特点，近年来鹌鹑产业蓬勃发展，已成为 21 世纪家禽业发展的朝阳产业，尤其是在现代鹌鹑笼养技术得到广泛推广应用后，鹌鹑养殖如雨后春笋，不断地发展壮大，鹌鹑生产已成为仅次于鸡的家禽之一，其养殖数量也紧随其后，获得"第二家禽业"的美称。

第一节　我国鹌鹑遗传资源概况

我国拥有丰富的野生鹌鹑资源，主要包括野生普通鹌鹑和野生日本鸣鹑，以野生日本鸣鹑居多。二者在国内许多地区均有分布，它们形态相似，长期以来被认为是同一个种。但两者鸣声不同，在自然条件下也不能产生杂种，甚至在人为干预下产生的杂种还

不育，这充分说明两者之间存在着明显的生殖隔离。因此，鸟类学者在1983年提出应该将它们视为不同的物种。

国内的野生普通鹌鹑繁殖于新疆，越冬于西藏南部和成都西南；野生日本鸣鹑主要生活于内蒙古和东北地区；在有些地域，两者的分布也有重叠现象。两者在我国的大部分地区属于候鸟，但在有些地区是留鸟，如长江中下游地区。野生鹌鹑的栖息场所一般是空旷的平原、溪流的岸边、矮小起伏的山麓或矮树丛。

鹌鹑也是雉科中迁徙能力相对较弱的一种，翼羽短，不能高飞、久飞，往往昼伏夜出，喜夜间迁徙群飞。两种野生鹌鹑每年6—7月在新疆西部、内蒙古东部繁殖，然后向南迁徙越冬。当然也有留在当地繁殖或局部迁移的，因为这些鹌鹑喜欢在当地温暖、湿润的水草上筑巢。

第二节　鹌鹑的生物学特性及经济价值

一、鹌鹑的生物学特性

家养鹌鹑历经百年选育，在生理习性上与野生鹌鹑存在区别，主要表现在以下几个方面。

1. 残留野性

家鹑虽经百余年的驯化，但仍有一定的野性，诸如爱跳跃、快走、短飞，公鹑善鸣、好斗等。由于鹌鹑好斗的习性，亚洲某些国家常把公鹑用作"斗鹑"。鹌鹑的好斗行为主要表现是喜欢啄头颈部，特别是眼睛周围。

2. 杂食性

嗜食颗粒状饲料与青料，并有明显的味觉喜好。

3. 喜温暖

鹌鹑对温度的要求较苛求，过冷或过热都有强烈的应激反应。相对而言，鹌鹑更喜欢有一个平稳的、暖和的条件，但在一般环境条件下也能满足其生活与生产需要。

4. 富神经质

鹌鹑性情活泼，富于神经质，对周围任何刺激的反应均很敏感，易骚动、惊群、啄癖，甚至啄斗，因此养殖鹌鹑要求保持舍内相对安静的环境。

5. 性成熟早，生长发育快，繁殖力强

一般母鹌鹑在 35 ~ 45 日龄开始产蛋，公鹌鹑 1 月龄开叫，45 日龄后有求偶与交配行为。公鹌鹑性成熟标志为泄殖腔腺特别发达，裸露于肛门外上方，并常分泌泡沫状液体。鹌鹑生长发育快，40 日龄的体重为初生重的 20 ~ 25 倍。鹌鹑孵化期仅为 17 天，1 对鹌鹑全年可繁育 5 个世代，一年即可繁殖鹌鹑千只以上。

6. 产蛋力强

无论蛋用型还是肉用型鹌鹑均为高产禽类，从排卵到蛋产出仅需 24 ~ 25 小时。经过选育的家鹑一年可产 10g 左右的蛋 300 ~ 400 枚，年产蛋总重为体重的 20 ~ 25 倍。

7. 择偶性强

公、母鹑均有较强的择偶性，虽然配偶制为单配偶制及有限的多配偶制，但公鹑性欲旺盛，日交配频率可达数十次，交配多为强制性行为，但受精率一般不太高。

8. 无抱性

即无就巢性。这是人工选择的结果，虽为高产蛋量创造了条件，但须依赖人工孵化繁衍后代。

9. 喜沙浴

即使在笼养条件下，鹌鹑也常用喙钩取粉料撒于身上，或在

食槽内表现沙浴行为。如放入沙浴盘，则集群挤入大洗大浴。因此，生产中应有针对性地设计喂料设备，减少饲料的浪费。

10. 夏羽、冬羽有别

日本鹌鹑与朝鲜鹌鹑有夏羽与冬羽之别。

夏羽：公鹑的额、头侧、须及喉部均为红砖色。头顶、枕部、后颈为黑褐色，纵贯白色条纹，背、肩也呈黑褐色，杂以浅黄条纹，两翼大部为淡黄色、橄榄色，间杂以黄白斑纹。喙深棕色，喙角蓝色，颈黄色，腹羽夏、冬均为灰白色。母鹑夏羽干纹黄白色较多，额、头侧、颔、喉部为灰白色，胸羽有暗褐色细斑点，腹羽为灰白色或淡黄色，喙蓝色，颈淡黄。

冬羽：公鹑额、头侧及喉部的红砖色部分消失，呈褐色。背前羽为淡黄褐色，背后羽呈褐色，翼羽和夏羽同。母鹑的冬羽和夏羽同，只是背羽黄褐色增多并加深。

11. 适应性广，抗病力强

鹌鹑适应性广，遍布全球，在各种饲养条件下均表现良好。在笼养条件下，鹌鹑较耐密集饲养，其他家禽、特禽很少能与其相比。

二、鹌鹑的经济价值

1. 蛋用价值

鹌鹑蛋是鹌鹑生产的主要产品，其营养价值高，且有一定的滋补功能。鹌鹑蛋组成比例为蛋白 60.4%，蛋黄 31%，蛋壳 7.3%。鹌鹑蛋蛋白质含量高达 22.2%，而且蛋白质分子颗粒小，容易被人体消化吸收利用，适宜婴儿、孕妇、老人、体弱者、病患者使用。鹌鹑蛋中维生素 B_1、维生素 B_2 含量丰富，并富含铁、卵磷脂，其含量远高于鸡蛋，而胆固醇含量低于鸡蛋。另外，新鲜鹌鹑蛋蛋白黏稠，适于储藏，其保存期可达 2 个月。鹌鹑蛋也能加工成皮蛋、咸蛋、卤蛋、罐头等休闲食品，进一步拓宽了产品销售渠道，提高了生产收益。

蛋鹌鹑生产投资小，效益高。每只母鹑从出壳至产蛋，仅耗料 750g，加上鹑苗和消毒防疫费用，1 只产蛋鹑产蛋前投入仅 2.7 元左右。饲养 1 万只蛋鹑仅需要 2.7 万元周转资金就可以见到效益。同时，由于采用多层笼养，鹌鹑笼占地面积少，工作强度大大降低，养殖者只需要定期给鹌鹑加料，清粪与收蛋即可保证 1 个劳动力就可以轻松饲养 1 万只蛋鹑。通常情况下，每生产 1kg 鹌鹑蛋，可以获得纯利润 1 元左右，每只产蛋鹌鹑 1 个生产周期（12 个月）的成本费用去除饲料、疫苗、水电等开支，可以获得利润 2 ~ 4 元，生产效益远高于蛋鸡。表 1-1 为蛋鹑与蛋鸡生产指标比较。

表 1-1　蛋鹑与蛋鸡生产指标比较

指　标	蛋　鹑	蛋　鸡
孵化期 /d	16 ~ 17	21
开产日龄 /d	40 ~ 50	150 ~ 165
初生至开产耗料 /kg	0.75	7.5 ~ 9
平均蛋重 /g	10 ~ 12.5	58 ~ 64
年产蛋量 / 枚	250 ~ 300	230 ~ 260
年产蛋总重 /kg	3	13.34 ~ 18.00
每只每年耗料 /kg	9.13	43.8
料蛋比	2.6：1	3.3：1
年总蛋重比活重倍数	20 以上	7 ~ 8

2. 肉用价值

鹌鹑肉不仅野味，而且营养丰富，其肉质鲜美细嫩，含脂肪少，食不腻人，从古至今均被视为野味上品，民谚有"要吃飞禽，还

是鹌鹑"之说。根据测定，鹑肉的蛋白质含量高达 24.3%，脂肪含量为 3.4%，胆固醇含量比鸡肉低。鹑肉味道鲜美主要是因为肌苷酸含量高。专门化肉仔鹑 35 ~ 40 日龄上市，体重 200 ~ 250g，饲料转化率 3.6：1。育肥的蛋用型公鹑和淘汰的产蛋母鹑也深受市场欢迎，适合整只油炸或卤制食用。随着人们消费水平的进一步提高，鹑肉越来越受到人们的欢迎。

3. 药用价值

鹌鹑食品还具有重要的药用价值。我国古代的《本草纲目》《饮膳正要》和近代的《中国医用动物志》《补药和补品》《食物与治病》等书中都记载了鹌鹑的药用功能。当代科学研究表明，鹌鹑蛋富含丰富的卵磷脂和脑磷脂，对神经衰弱、胃病、肺病均有一定的辅助治疗作用。鹌鹑蛋中苯丙氨酸、酪氨酸及精氨酸含量丰富，对合成甲状腺素及肾上腺素有重要影响。从中医学角度出发，鹌鹑性味甘、平、无毒，入肺及脾经，有消肿利水、补中益气的功效。在医学上，常用于治疗糖尿病、贫血、肝炎、营养不良等病。其药用价值被视为"动物人参"。鹌鹑肉是高蛋白、低脂肪和维生素多的食物，含胆固醇也低，对肥胖的人来说是理想的肉食品种。

4. 科研价值

鹌鹑具有体型小、耗料少、占地少、易饲养、繁殖快、世代间隔短（1 年 4 ~ 5 代）、敏感性好等优点，非常适合作为实验动物。在国内，鹌鹑已被广泛用作实验动物，且越来越受到科研工作者的关注。在日本、美国及其他国家都建立了很多鹌鹑实验应用群体，不少研究机构还培育出实验用的"无菌鹑"、"近交系鹑"和"无特定病原体（SPF）鹑"，用于进行营养学、遗传学、病理学、毒理学、药理学、环保学、太空和医学研究领域的试验。

5. 娱乐价值

鹌鹑最早驯养是用于观赏和斗鹑，斗鹑是有益于身体健康的民间娱乐项目。斗鹑始于我国春秋战国时代，至今在我国许多地方还有斗鹑爱好者，如河南郑州、南阳等地有专门的斗鹑表演。斗鹑是专门的品种类型，现代高产蛋鹑很少打斗。

鹌鹑和山鸡一样，在国外被用作狩猎鸟类。家养鹌鹑飞翔能力有限，不能高飞，只能进行短距离的滑翔，因此非常适合作为狩猎动物，供游人射杀或捕获。狩猎场在国外非常盛行，是发展旅游业的好项目。随着我国旅游业的进一步发展，鹌鹑作为狩猎动物具有广阔的前景。

第三节　国内外养鹑业发展概况

国外鹌鹑饲养业历史较短，但从 20 世纪 30 年代以来发展迅速，饲养水平较高，养鹑数量大，仅次于鸡和鸭的饲养量。日本、法国和美国鹌鹑饲养业最发达，培育出了优秀的蛋用型和肉用型鹌鹑品种，为现代鹌鹑饲养业奠定了良好基础。法国鹌鹑饲养业日趋大型化、专业化和机械化，全国年产肉用仔鹑 1 亿多只，其中 40～50 家鹌鹑饲养场上市的肉用仔鹑占全国上市量的 3/4；朝鲜鹌鹑饲养业机械化程度高，劳动生产率高，平均每人可管理种鹑 5000 多只，蛋鹑 10000 多只；美国养鹑业科技水平较高，很多高等院校都利用鹌鹑进行营养、遗传、生理、病理等方面的试验；菲律宾是东南亚鹌鹑饲养业快速发展的国家，蛋鹑年产蛋达 235 枚。此外，英国、俄罗斯、澳大利亚、意大利、德国、巴西等国家的鹌鹑饲养业发展很快，鹌鹑产品的消费也很大。

我国鹌鹑的驯化历史可追溯到 1000 多年前，我国近代的鹌鹑

是 1937 年由冯焕文教授从日本岐阜县鹌鹑育种场引进，在上海饲养，但由于战争而毁于战火。1951 年，谢公墨氏再次从日本引进鹑种，在上海饲养、繁殖、推广，当时饲养者多作为家庭副业及业余兴趣，总数在 1 万只左右。1978 年与 1982 年，由北京市赴朝畜牧考察团与北京市畜牧局相继引进了朝鲜鹌鹑和种蛋，并归由北京市莲花池鹌鹑场以及北京市种鹑场饲养、繁殖与推广，之后我国的鹌鹑养殖才得以发展。据不完全统计，除西藏外，我国各地几乎都有规模不等的专业养鹑场，养鹑专业户难以计数，年存栏数已超过 2 亿只，占全世界总数的 18%。鹌鹑是我国特种禽类中分布最广、饲养量最多、获益最大的一种禽类。

我国对养鹑业十分重视，全国家禽育种委员会于 1983 年专设了特种经济禽类专家组，从事科技信息、技术培训、业务咨询与调查研究工作；北京地区还成立了中国养鹑咨询服务中心；不少地区还建立了养鹑协会、养鹑研究会等群众组织。在我国不仅有商品肉鹑和蛋鹑的养殖场，还建起了许多种鹑场，比较有名的有北京市种鹌鹑场、北京莲花池鹌鹑场、湖北神丹健康食品有限公司鹌鹑原种场等，它们都有保种、育种和制种任务。北京种鹌鹑场和南京农业大学、中国农业大学等院校和科研单位协作攻关，联合育成了隐性白羽鹌鹑新品系，同时用以白羽鹌鹑为主体培育出了自别雌雄配套系，白羽鹌鹑的培育及自别雌雄配套系的应用为我国乃至世界鹌鹑业做出了突出的贡献。继白羽鹌鹑培育之后，河南科技大学与周口职业技术学院等单位合作也培育出了黄羽鹌鹑新品系，并在原先白羽公鹑与朝鲜鹌鹑母鹑自别雌雄配套系的基础上，利用黄羽鹌鹑与白羽鹌鹑和朝鲜（栗羽）鹌鹑杂交，培育出了多种自别雌雄配套系，并在全国进一步推广，取得了显著的经济效益和社会效益。2012 年，由湖北省农业科学院畜牧兽医研究所与湖北神丹健康食品有限公司历经 8 年共同培育的我国首个蛋用鹌鹑新品种配套系——"神丹 1 号"通过国家畜禽遗传资源委员会审定（证书编号：农 09 新品种证字第 48 号），标志着中国鹌鹑生产步入新的历史阶段。

第四节 现代鹌鹑生产的特点

饲养鹌鹑的方法简便，成本低，收益高，资金周转快，容易饲养，饲养设备不复杂，非常适合农村集体和个人饲养。我国气候适宜，饲料资源丰富，又有广大的市场，鹌鹑饲养业可大力发展推广。随着现代科学技术、现代机械制造技术、自动化技术和计算机技术在鹌鹑遗传、育种、营养、饲料、饲养管理、产品加工、设备制造和经营管理方面的应用，鹌鹑饲养向高密度、适度规模、高产、稳产、饲料设备器具供应和产品营销产业化发展。单位经济效益相应减少，规模效益增强，成为广大农民脱贫致富的新兴产业。具体来讲，现代鹌鹑产业具有如下特点。

1. 生产集约化、规模化

现代鹌鹑生产将鹌鹑饲养在工厂化的鹌鹑饲养场内，通过人工环境控制技术进行鹌鹑高密度、大规模饲养，生产出优质的产品投放市场参与商品交换，使鹌鹑饲养者获取最佳经济效益。在工厂化鹌鹑饲养场里，饲料经鹌鹑机体的转化，生产出肉、蛋、羽毛和鹑粪。依靠人工控制鹑舍温度、湿度、通风、光照、密度和卫生等环境条件，给鹌鹑生活创造了一个理想的环境，使其生产力大大提高。工厂化鹌鹑饲养业的兴起，提高了劳动生产率，土地和房屋的利用率，降低了生产成本，便于生产管理，经济效益显著。

2. 管理机械化、自动化

规模化鹌鹑生产企业普遍应用多层笼养，自动化饮水，自动控制光照，自动或人工控制温度，机械辅助通风和清粪，机械人工辅助喂料等设施设备，大大提高了生产效率。

3. 饲料全价化、平衡化

集约化鹌鹑生产要求人们依据鹌鹑生活、生长和生产的需要配合全价、平衡的饲料。目前，家禽学家在现代生物化学、家禽生理学、家禽营养学研究的基础上设计出了能够满足工厂化、集约化饲养条件的鹌鹑生产全价饲料，并已投入批量生产，保持了鹌鹑生长和产蛋的营养需要。

4. 经营专业化、配套化、产业化

现代鹌鹑生产单位实行专业化生产、经营、销售一体化管理。产业化将生产基地、加工基地、市场营销专业队伍连接起来，形成一个完整的链条，利润分配到每一个环节，保证了鹌鹑产业的发展壮大。

5. 鹌鹑生产的最高层次将实现商业化

商业化是指整个鹌鹑生产经营活动以市场和消费者的消费习惯为标准，生产管理、产品包装与营销、市场管理与产品价格体系和质量体系以市场规律为准，最大潜力地调动饲养员、技术员、营销人员和管理者的积极性。

第二章 鹌鹑品种

鹌鹑品种依其经济用途不同分为蛋用型、肉用型、狩猎型及玩赏型等。每个品种又可分为品变种、品系、家系和专门化品系。现在广泛饲养的是以产蛋为主的蛋用型和产肉为主的肉用型两种，供狩猎用和玩赏型的鹌鹑较少。

第一节 蛋用型鹌鹑品种

1. 日本鹌鹑

日本鹌鹑是国际公认的培育品种，由日本人小田厚太郎于1911年利用中国野生鹌鹑经15年的驯化育成。日本鹌鹑是鹌鹑品种中重要的基因库。该品种以体型小、产蛋多、纯度高而著称于世。体羽呈栗褐色，头部黑褐色（其中央有淡色直纹3条），背羽赤褐色，均匀散布着黄色直条纹和暗色模纹，腹羽色泽较浅。公鹑脸部、下颌、喉部为赤褐色，胸羽呈红砖色，母鹑脸部淡褐色，下颌灰白色，胸羽淡褐色，上缀有粗细不等的黑色斑点，其分布范围似鸡心状。

成年公鹑体重110g，母鹑140g，6周龄（限饲条件下）开产，年产蛋250～300枚，高产品系超过320枚，平均蛋重10.5g，蛋壳上布满棕褐色或青紫的斑块或斑点。

无锡市郊区畜禽良种场鹌鹑分场饲养日本鹌鹑的成绩为：成年公鹑体重 104g，母鹌鹑约 135g，35 日龄平均体重 98.5g 即可产蛋，产蛋期内种鹑每只每日平均耗料仅 22g，其料蛋比 2.9∶1，10 月龄时母鹑产蛋率仍可达 85% 以上，平均蛋重为 10.34g。

2. 朝鲜鹌鹑

由朝鲜对日本鹌鹑分离选育而成，分为龙城系鹌鹑和黄城系鹌鹑。朝鲜鹌鹑和日本鹌鹑在生长发育、性成熟、产蛋性能、蛋品质及屠宰率等方面无明显差异。朝鲜鹌鹑 1978 年引入我国，经北京市种禽公司种鹌鹑场多年封闭育种，其均匀度与生产性能均有较大提高，已成为我国蛋用鹌鹑的当家品种。其体型大于日本鹌鹑，羽毛与日本鹌鹑相似，成年公鹑体重 125 ~ 130g，成年母鹑 150g，39 ~ 49 日龄开产，年产蛋 300 枚以上，平均蛋重 12g，料蛋比 3∶1。公鹑 35 ~ 40 日龄体重达 130g，可做肉鹑出售。

3. 中国白羽鹌鹑

中国白羽鹌鹑由北京市种鹑场、南京农业大学、原北京农业大学等单位，于 1990 年联合育成纯系，系采用朝鲜鹌鹑的突变个体——隐性白色鹌鹑，经 7 年的反复筛选、提纯、纯繁与推广工作，已鉴定定型。其体型略大于朝鲜鹌鹑，初生雏鹑体羽呈浅黄色，背上有深黄色条纹，初级换羽后即变为白色，其背线及两翼有浅黄色条斑。眼呈粉红色，喙、脚为肉色，经检测，表明该白羽品种纯系为隐性基因（QQ 型）。

成年公鹑体重 145g，母鹑 170g，开产日龄 45 天，年产蛋率高达 80% ~ 85%，年产蛋量为 265 ~ 300 枚，蛋重 11.5 ~ 13.5g，产蛋期日耗料 24g，料蛋比 3∶1，最佳采种时间为 90 ~ 300 天，受精率 90%，产蛋性能明显超过朝鲜鹌鹑，且屠体美观。

由于白羽鹌鹑红眼、白羽，肉色的喙、胫、脚，羽毛紧贴体躯，体形美观秀气，在不少城市的鸟市场都有出现，深受养鸟者的好评和青睐。

4. 黄羽鹌鹑

黄羽鹌鹑属隐性黄羽类型，是由南京农业大学教师岳根华于1990年发现并培育成功。体羽为黄色，体型、生产性能与朝鲜鹌鹑相似。成年公鹑体羽淡黄色，夹杂些褐羽丝纹，体重130g；母鹑体羽亦为淡黄色，体重160g，6周龄左右开产，年平均产蛋260～300枚，高峰期产蛋率达90%以上。蛋重11～12g，蛋壳色同朝鲜鹌鹑。黄羽相对于朝鲜鹌鹑的栗羽为隐形，具有伴性遗传特性，与朝鲜鹌鹑杂交配套，为自别雌雄配套系的父本。

5. 自别雌雄配套系

北京市种鹌鹑场与南京农业大学在合作培育隐性白羽纯系基础群体的过程中，经13批次的试验，均证明白羽纯系含有隐性基因，具有伴性遗传的特性。即以白羽公鹑配栗羽朝鲜母鹑和法国肉用母鹑时，其子一代可据胎毛颜色自别雌雄，其鉴别准确率为100%。隐性、伴性白羽鹑在国内尚属首次发现。国际上仅在美国、法国有显性，不能自别雌雄。

当采用中国白羽鹌鹑纯系的公鹑与白羽鹌鹑配套杂交时，其子一代羽色（初生雏胎毛）性状分离，凡浅黄色（初级羽后即为白色）均为雌雏，而栗羽者均为公鹑。自别雌雄配套系的问世，在生产、科研、教学上都有着很大的经济价值。在生产实践中，因初生雏个体太小，肛鉴很困难，鉴别率也不高，加之极易伤及雏鹑而影响日后生长发育，自别雌雄系为我国传统的公、母混养向分群饲养创造了条件。因此，白羽鹌鹑可大量提供鉴别母雏，子一代公雏可供肉仔鹑使用，进一步改善了屠体皮肤的颜色质量（肉色或浅黄色），从而提高了商品等级与价值。

6. "神丹1号"鹌鹑配套系

系由湖北省农业科学院畜牧兽医研究所与湖北神丹健康食品

有限公司历经 8 年共同培育的蛋用鹌鹑配套系，于 2012 年 3 月通过国家畜禽遗传资源委员会审定（证书编号：农 09 新品种证字第 48 号），是我国首个鹌鹑新品种配套系。

"神丹 1 号"鹌鹑配套系具有体型小、耗料少、产蛋率高、蛋品质好、适合加工、遗传性能稳定、群体均匀度高等特点。"神丹 1 号"商品代鹌鹑的育雏成活率达 95%，开产日龄为 43 ~ 47 天，35 周龄入舍鹌鹑产蛋数为 155 ~ 165 枚，平均蛋重 10 ~ 11g，平均日耗料 21 ~ 24g，饲料转化比为（2.5 ~ 2.7）：1，35 周末体重为 150 ~ 170g。

7. 爱沙尼亚鹌鹑

体羽为赭石色与暗褐色相同。公鹌鹑前胸部为赭石色，母鹌鹑胸部为带黑斑点的灰褐色，身体呈短颈短尾的圆形。背前部稍高，形成一个峰。母鹌鹑比公鹌鹑重 10% ~ 12%，具飞翔能力，无抱性。该品种为蛋肉兼用的鹌鹑品种，其主要生产性能：年产蛋 315 枚，前 6 个月产蛋 165 枚，产蛋率 91%，年平均产蛋率 86%，年平均产蛋总量 3.8kg，平均开产日龄 47 天，成年鹌鹑每天耗料量为 28.6g，每千克蛋重耗料 2.62kg。肉用仔鹌鹑平均每千克活重耗料 2.83kg，35 日龄时平均活重为公鹌鹑 140g、母鹌鹑 150g，平均全净膛重为公鹌鹑 90g、母鹌鹑 100g；47 日龄时平均活重为公鹌鹑 170g、母鹌鹑 190g，平均全净膛重为公鹌鹑 120g、母鹌鹑 130g。

第二节　肉用型鹌鹑品种

1. 法国肉用鹌鹑

法国肉用鹌鹑又称法国巨型肉用鹌鹑，由法国肉用鹌鹑培训中心法迪克公司培育而成，是目前世界上最优秀的肉鹌鹑品种之一。体型硕大，体羽呈灰褐色与栗褐色，间杂有红棕色直纹羽毛，头部呈现黑褐色，头顶部有 3 条淡黄色直纹，尾羽较短。公鹑胸部羽毛呈棕红色，母鹑则为灰白色或浅棕色，并缀有黑色小斑点。初生雏胎毛为栗色，背部有 3 条深褐色条带，色彩明显，具光泽，其头部金黄色胎毛至 1 月龄后逐步脱换。

种鹑生活力与适应性强，饲养期约 5 个月。6 周龄活重 240g，4 月龄种鹑活重 350g，年平均产蛋率 60％，孵化率 60％，蛋重 13～14.5g。肉用仔鹑屠宰龄为 45 天，料肉比为 4∶1（含种鹑耗料）。

我国于 1986 年从法国法迪克公司引进 FM 系肉用鹑，主要由北京市种鹑场负责保种与推广。肉鹑业被全国种养业供销洽谈会列为 1987 年农村较有发展前途的养殖业十大项目中的首项，目前在我国已有一定的良种覆盖面。

北京市种鹑场引进法国肉用鹌鹑的测定成绩为：种蛋受精率为 70.7％，受精蛋孵化率 71.5％，健雏率 89％。5 周龄公仔鹑体重 180g，母仔鹑体重 210g，比同期蛋用型鹑体重增加 20％左右。40 日龄重达 220～240g，选育后的种鹑 4 月龄活重达 350g，比蛋用型鹑体重增加 1 倍以上，育成 1 只鹌鹑平均耗料 750～850g，该品种胸肌尤为发达，骨细肉厚，半净膛率达 88.3％。肉鹑屠体重，饱满，美观大方，肉质鲜嫩，其鹑肉中的肌苷酸、谷氨酸等含量比肉鸽高 136.5％。

2. 中国白羽肉鹑

北京市种鹌鹑场、长春兽医大学等单位从法迪克肉鹑中选育出的纯白羽肉用鹌鹑群体。体型同法迪克鹑，黑眼、喙、胫、脚肉色。经北京市种鹌鹑场测定，白羽肉鹑成年母鹌鹑体重 200～250g，40～45 日龄开产，产蛋率 70％～80％，蛋重 12.3～13.5g，每只每天耗料 28～30g，料蛋比为 3.5∶1，90～250 日龄采种，受精率为 85％～90％。

3. 莎维麦脱肉鹌鹑

法国莎维麦脱公司育成。同法国巨型鹌鹑一样生长迅速，其生长发育与生产性能在某些方面已超过巨型鹌鹑。抗病力、适应性、抗逆性都很强。据无锡市郊区畜禽良种场鹌鹑分场引种实践，该品种母鹌鹑 35 ~ 45 日龄开产，年产蛋 250 枚以上，蛋重 13.5 ~ 14.5g。在公母配比为 1：2.5 时，种蛋受精率可达 90% 以上，孵化率超过 85%。5 周龄平均体重超过 220g，成年鹌鹑最大体重超过 450g，料肉比为 2.4：1。

4. 美国法老肉用鹌鹑

是美国培育成的巨型肉用型品种。据报道，成鹑体重 300g 左右，仔鹑经肥育后 5 周龄活重达 250 ~ 300g。生长发育快，屠宰率高，鹑肉品质好，据测定，9 周龄屠宰活重 186.6g，净膛屠体平均重 130g，占体重的 69.7%，胴体中一级占 86%，二级占 14%。

5. 美国加利福尼亚肉用鹌鹑

美国加利福尼亚肉用鹌鹑按成年鹌鹑体羽颜色可分为金黄色和银白色两种，其屠体皮肤颜色亦有黄色和白色之分，成年母鹑体重 300g 以上，种鹑生活力及适应性强。肉用仔鹑屠宰适龄为 50 天。

第三章　鹌鹑的繁育及孵化技术

第一节　鹌鹑的繁育技术

一、选择种用公母鹌鹑的基本方法

选种工作一般是采用表型选择、后裔测定、同胞选择和系谱选择四种方式进行，通常可以采用1种或2种方法，有时也有几种方法同时使用的。

表型选择在选种时较多采用，选择种鹑一般要求外貌要符合该品种的标准特征。种公鹑要求生长发育正常、羽毛完整有光泽、体质健壮、眼大明亮、无残无病、外形正常、体型匀称、雄性特征明显、泄殖腔生殖突起较发达，用手能挤出大量的白色泡沫状物质，胸部发达，两腿结实有力，鸣叫声洪亮。同时，还要有系谱或来源出处。种母鹑要求健康、生长发育正常、羽毛完整丰满、头小俊俏、眼亮、不胆怯、活泼、羽毛灰黑色斑点衬着灰白色底的图案、体重符合品种要求、腿脚有力；产蛋性能好，手摸腹部、趾骨间距可容两指，腹部能容3指。所产种蛋的蛋形、蛋壳花纹、蛋壳坚实度、蛋黄等都要符合要求。

二、鹌鹑生产的配套模式

目前蛋鹌鹑生产中多利用鹌鹑羽色伴性遗传的原理进行配套

生产。关于鹌鹑羽色遗传规律的利用多集中于栗麻羽、黄麻羽、白羽，由于这三种羽色的基因位于性染色体上并且相互影响，在蛋用鹌鹑生产中研究出了多个羽色自别雌雄的配套生产模式。

（1）白羽♂ × 栗麻羽♀

栗麻羽♂白羽♀

（2）黄麻羽♂ × 栗麻羽♀

栗麻羽♂黄麻羽♀

（3）白羽♂ × 黄麻羽♀

栗麻羽♂白羽♀

（4）黄麻羽♂ × 白羽♀

栗麻羽♂黄麻羽♀

除以上两系配套方式外，还可以进行三系配套，由于三系配套模式在实际生产中制种复杂，用得较少。上述配套生产方式，经实践检验，公母性别比为1：1，自别雌雄准确率可达99%，同时在适应性、生产性能方面有出色表现。

"神丹1号"配套系的组成模式如图3-1所示：

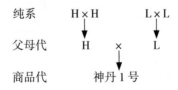

纯系　　H×H　　L×L

父母代　　H　×　L

商品代　　神丹1号

图3-1　"神丹1号"鹌鹑配套系生产模式

如果没有以上多种羽色进行配套，只用其中一个羽色的种群，也可用同一羽色鹌鹑纯繁，同一种群纯繁的后代不能通过羽色自别雌雄,要将公母混合的鹌鹑养到30日龄左右才能根据毛色区分公母,将母鹌鹑留下继续饲养产蛋,公鹌鹑育肥淘汰。

三、配种技术

(一)初配年龄与种用年限

公鹑出壳后30日龄开始鸣叫,逐渐达到性成熟。母鹑出壳45日龄左右开产,开产后就可配种。但过早配种会影响公鹑的发育和母鹑产蛋,作为种鹑最适宜的配种年龄:种公鹑为90日龄,种母鹑应在开始产蛋的20日龄以后。种用年限的最佳期,种公鹑4~6月龄,种母鹑3~12月龄。但一般繁殖场在实际饲养中,60日龄的公母鹑即开始配种,繁殖期为1年,年年更换。

(二)配种季节

鹌鹑的配种以春秋为宜。此时的气候温和,种鹑蛋的受精率和孵化率均较高,也有利于雏鹑的生长发育,尤以春雏为更好。若具备一定的温度条件,可常年交配。

(三)配种方法及注意事项

1. 配种方法

鹌鹑配种最常用的是大群配种和小间配种两种方式。另外,在鹌鹑选育过程中还常常采用人工辅助交配与同雌异雄轮配。

(1)大群配种。根据母鹑数量按比例配备公鹑,使每只公鹑与每只母鹑都有机会自由组合交配。一般笼养种鹑均采用这种方式,例如一笼内放入15只母鹑与5只公鹑。这种方法受精率较高,但无法确知雏鹑的父亲。

(2)小间配种。将1只公鹑和2~3只母鹑放在一笼中。这种方法可知雏鹑的父亲,但受精率不如大群配种的高。

(3)人工辅助交配。1只公鹑单独饲养,定时将母鹑放入,待公鹑交配后,即行取出。为了保证较高受精率,每只母鹑至少

每 2 天放入交配 1 次。要想保持公鹑有良好的种用性能，1 天最多只能交配 4 次，时间安排为：早 7 点，下午 1 点，下午 3 点，晚上 8 点。这种方式又称为个体控制配种，其优点是充分利用优秀公鹑，使每只公鹑能配 8 只母鹑，但不足之处是容易漏配，花费人力较多。

（4）同雌异雄轮配。用第 1 只公鹑配 1 只母鹑，配两周后取出，空 3 天不放公鹑，于第 3 周的第 4 天，放入第 2 只公鹑，前两周零三天所产的种蛋为第 1 只公鹑的后代，第四周起产的种蛋是第 2 只公鹑的后代。这样可以继续轮配下去。此方法的优点在于：由于与配母鹑相同，通过后裔鉴定，可选出两只公鹑中较优秀的那只。这种方法还可以用在优良母鹑少的情况。

2. 注意事项

注意鹌鹑配偶年龄的选择，应用年龄较小的公鹑配年龄较大的母鹑，这样母鹑会主动接触公鹑顺利配种；若相反，会因公鹑的狂热而引起母鹑的恐惧，从而不易受配。若用一只公鹑与两只母鹑交配，最好其中一只母鹑是有过交尾经验的，使另一只很快学会。鹌鹑以早晨或傍晚的性欲最旺盛，交配后受精率也最高。其中在早晨第一次喂饲之后交配更为合适，傍晚的交配常会因母鹑即将产蛋而拒配。

四、鹌鹑的人工授精技术

1. 采精前的准备

采精前应预先将用于采精的公鹑与母鹑分开饲养，并将公鹑肛门周围的羽毛用剪刀剪去，这样在采精时精液不容易被污染和流失。正式采精前 1 ~ 2 周必须对公鹑进行调教，采用的方法是背腹部按摩法。在调教过程中，注意将精液量少、精液稀薄、夹杂粪便等质量不好的公鹑做上记号，如反复调教都没有明显变化，则予以淘汰。选留特别优秀的公鹑用于正式采精配种，可以获得更高受精率。

2. 采精

目前对鹌鹑的采精主要有电刺激法和按压式采精法。

（1）电刺激法。该技术由两人共同完成，采精时一人左手握鹑体，尾端朝上，右手用剪刀剪去泄殖腔周围的羽毛，再用清水擦拭，用右手拇指和食指轻轻按摩泄殖腔腺体，使泡沫状腺体全部排出，再用70%酒精棉球消毒，待片刻，右手持泄殖腔极棒缓慢插入其泄殖腔（极棒可自行设计：长43mm，直径3mm，环间距3mm，电极宽2.5mm，金属环2个）。另一人拨动电刺激采精器的电压开关（电刺激采精器DCT型工作参数：电压220V，输出频率为20～50Hz，输出电压为0～20V，输出波为正弦波型），通电后用极棒先刺激泄殖腔内散在的神经，当公鹑假阴茎外翻时，再用极棒刺激泄殖腔输精管乳头体。拨动电压开关的人随时准备用事先消毒过的刻度吸管吸取精液。电压从3V开始进行有节奏的通电，每档刺激3次，每次通电2秒，断电2秒，直至精液采出为止。

（2）按压式采精法。该方法由两人完成，一人手握鹌鹑躯体使其尾部朝上，用左手食指和拇指将泄殖腔周围的羽毛剪去或拨开，用右手食指和拇指由近端向远端轻轻按摩泄殖腔腺体，使泡沫状腺体全部排出，继续用右手的食指和拇指轻捏泄殖腔口以下0.5cm处，并将鹌鹑的生殖突起压出体外，同时两手指稍用力捏堵住排粪口，防止采出的精液被粪便污染。左手拇指在生殖突起下方0.5cm处，沿生殖突起用适当的力配合右手慢慢向上挤压。另一人，随时用已消毒过的0.25ml注射器或吸管吸取精液，同时保证泄殖腔周围的清洁。采精完毕，将鹌鹑放回，整个过程不超过1.5分钟。该方法不需要仪器设备，只需要一只采集精液的吸管或注

射器即可，简单易行，便于推广。

据报道，无论采用哪种采精方法，采精成功率都在90%以上，鹌鹑精液的常规生理指标为：氢离子浓度为71.2nmol/L，精子活力0.816，精液量0.01～0.02ml，精子畸形率0.09%，每毫升精子数3.425×10^8个。

3. 输精技术

输精前将精液按1∶6的比例稀释，目前还没有鹌鹑精液稀释液的配方，需要进一步研究。稀释液可参考鸡精液稀释液的配方加以修改，待母鹑刚产蛋后，由一人可完成授精过程，左手将母鹑固定，右手轻压腹部使泄殖腔口外露，将装好精液的输精器轻轻插入其子宫内1.5cm处。一般每次输入0.005ml的精液量即可，两次输精的间隔时间最好不要超过2～3天，这样可获得较高的受精率和孵化率。

4. 人工授精时注意事项

（1）加强对种用公鹑的饲养管理，饲料的营养要全面，应适当补充蛋白质和维生素。

（2）经常检查公鹑的精液品质，如精液品质不好，密度小，活力差，应停止使用或予以淘汰。

（3）采精过程中要保持安静，动作要轻，否则会使公鹑因受惊而排出色淡或稀薄的精液。采精时注意不要对公鹑按摩时间过长或挤压泄殖腔用力过大，以免损伤黏膜，导致出血和排出粪尿，不但损伤公鹑，而且污染精液。

（4）采集好的精液应在半小时内输完，以防精液品质下降，影响受精率。

（5）一般的水、酒精和消毒剂对精子有致死作用，在人工授精过程中不能使用。

（6）有病和输卵管有炎症时不能进行人工授精，以免相互交叉感染，传播疾病。

（7）人工授精的器具必须保持清洁卫生，用过的器械应先用自来水洗净，再用蒸馏水冲洗，然后进行高压或干热消毒。

五、公母比例和种鹌鹑利用年限

1. 公母比例

鹌鹑的受精率受多种因素的影响，公母比例是其中重要因素。鹌鹑公母配种比例适当，可以保证高的受精率，否则，如母鹑过多，易造成漏配，如公鹑过多，易产生争配现象，都会降低种蛋的受精率。鹌鹑的公母比例与所用品种、日龄等有关，需要综合考虑确定最佳比例。根据李成凤的报道，蛋用鹌鹑公母配比为1∶6时，能够在保持良好生产性能的同时获得较高的种蛋受精率，还能保持配种群的和谐安定。同时，按照这一比例，种公鹑数量将减少33%，使得笼位节省，耗料减少，人工节省，经济效益可提高10%以上。如果种公鹑年轻、体质强，与配母鹑数可酌情增加。应注意在自由交配的群体中考虑公鹑的受精能力。要及时淘汰受精率很低的公鹑，并随时补充因淘汰而出现的缺额数。

2. 种鹌鹑的利用年限

种鹌鹑的利用年限，随品种的不同变化较大。蛋鹑一般不超过1年，在饲养管理水平高、生产性能好时，可适当延长使用；反之，则要缩短使用时间。鹌鹑10～12月龄时开始换羽，此时产蛋停止。由于母鹑比公鹑衰亡快，而影响了母鹑的使用年限。

3. 鹌鹑的开产与适宜交配时间

鹌鹑35日龄即可见蛋，但这时性器官发育还未完全成熟，不可配种留种蛋。蛋用鹌鹑开产日龄平均为50日龄，开产后10～15日龄即可进行交配，65～70日龄时就可开始留种蛋。

4. 影响受精率的因素

除了选择合适的公母比例和使用时间外，影响受精率的因素还有：①与配公母鹑的选择；②干扰交配的外界环境，如噪声、光线等；③温度的高低（低温时公鹑不爱活动）；④鹑蛋的质量（蛋大小、蛋形、蛋壳色泽）；⑤近交（近交可使受精率下降）；⑥交配后种蛋的收集时间（交配后第4天才可收集种蛋）；⑦鹑蛋贮存时间（种蛋贮存时间对孵化率有较大的影响，贮存1周、2周、3周和4周，受精蛋孵化率分别为80%、53%、26%和10%）。

第二节　鹌鹑的孵化技术

一、种蛋的选择及管理

1. 种蛋的选择

种蛋的品质不仅直接影响孵化效果，也关系到雏鹑的质量和未来鹌鹑群的生产力，因此，孵化前必须把好选择种蛋这一关，确保种蛋的新鲜度和种蛋的孵化品质。选择种蛋时主要考虑以下几个方面。

（1）种蛋来源于健康的种群。如果从种鹑场引进种蛋，首先要考察种鹑场管理是否规范和种鹑群体健康状况，可从其客户了解较真实情况。一般来讲，规模大、管理规范、技术力量强，特别是有科研机构和高校的高级专家做技术依托的种鹑场的种群质量较可靠，如有育种团队从事专业选育，配套生产的种鹑将是最理想的。小规模没有技术力量的小养殖户生产的种鹌鹑多为自繁自养，乱杂乱配，质量难以保证。

国内有能力从事种鹌鹑选育研究并进行开发利用的种鹑场不多，除了从同行中获得信息外，现在还可以很方便地从网络上查阅相关信息。

（2）种鹑要求处于高产期。种鹑最早 30 多天即可见蛋，45 日龄左右产蛋率可达 50%，但早期蛋重小，不适合做种蛋。开产 1 个月后，蛋重达到品种标准，即可安排种公鹑和种母鹑配种，收集种蛋。到产蛋后期，一般在 7 ～ 8 月龄，品种不同有差异，发生蛋形变大、蛋壳质量下降、受精率下降的情况时，可以考虑停止生产种蛋。

（3）种蛋的保存时间尽量短。种蛋保存时间越短，胚胎生活力越强，孵化率也就越高，一般种蛋保存时间不超过 5 ～ 7 天，孵化效果较好。若超过 1 周，每天要翻蛋 1 次，或将蛋的钝端朝下放置，使蛋黄位于蛋的中央，防止胚胎与蛋壳粘连。

（4）蛋形需正常。鹌鹑蛋大部分都是正常的椭圆形，但也有部分形状异常，如圆形、长形、尖形等都属畸形蛋，在挑选时应淘汰。蛋重过大、过小者也应淘汰。

（5）蛋壳质量好、表面清洁。正常种蛋要求蛋壳厚薄适度、蛋壳结构致密，蛋壳表面呈大理石样斑块或斑点，也有少量没有色斑。蛋壳表面粗糙不平，有破损裂纹的蛋不能做种蛋。另外，种蛋表面要求干净卫生无污物，如受到粪便、蛋液、灰尘等污染严重的蛋要剔除。

2. 种蛋管理

（1）种蛋储藏。种蛋从种鹑产出到入孵期间一般要贮存 3 ～ 7 天，要求种蛋产出后当天送孵化厂，进入孵化厂的种蛋分级和清洁后，装入孵化盘，置于蛋架车上贮存比较好，各层种蛋与种蛋之间的空气流通均匀，这是非常重要的，因为种蛋内有一个活的胚胎，它需要氧气才能顺利地孵出优质的雏鹌鹑。种蛋的放置应该小头向下。然而，当贮存较长时间时，应该将种蛋的小头向上且每天以 90° 翻蛋一次。否则在贮存或孵化期间使发育的胚胎变

弱甚至致死。

适合的相对湿度为70%～80%，贮存条件不能达到露点，这是因为若蛋壳表面有凝结水，则为细菌和霉菌的生长提供了有利条件。

理想的贮存温度应根据相应的贮存时间来决定，种蛋应尽量产出后3～5天内孵化，一般所推荐的温度为15～18℃。种蛋贮存库要求安装冷暖两用空调，夏季室内温度高时用空调降温，冬季室内温度低时用空调加温，以保证种蛋适宜的贮存温度。

（2）种蛋消毒。种蛋入孵前要进行消毒，尽可能降低蛋壳表面的微生物数量，防止蛋壳表面在收集、存贮、运输过程中受到微生物的污染，影响孵化效果。对蛋壳表面消毒方法推荐使用福尔马林熏蒸法，其次使用喷雾消毒法。

福尔马林气体熏蒸法：福尔马林是最有效的消毒药之一，以气体形式接触到整个蛋壳的表面，因此，福尔马林熏蒸是消毒大量种蛋的最好方法，熏蒸应该在环境控制的消毒室内进行。一般每立方米用30ml福尔马林加15g高锰酸钾，在温度20～26℃、相对湿度60%～75%的条件下，密闭熏蒸10～15分钟。熏蒸时要将福尔马林加入高锰酸钾中，而不能将高锰酸钾加入福尔马林中，以避免飞溅的危险。容器应采用瓷盆，而不能采用塑料盆。熏蒸的温度不得高于26℃，这是由于高温会将迅速发育的胚胎致弱。在孵化开始96小时内不能熏蒸。不能超过推荐的熏蒸时间，否则胚胎死亡率将上升，并且雏鹑质量将受损。对"出汗"的种蛋不能熏蒸，必须待种蛋表面吹干后，才可熏蒸。

喷雾消毒法：种蛋收集后，喷雾应该尽早地使用，没有必要等到将一天的蛋全部收集完后进行。种蛋可采用下列消毒方法：①福尔马林。2%～3%的福尔马林也能被用作喷雾消毒，然而由于种蛋的熏蒸更有效，因此一般都喜欢用福尔马林熏蒸。②季胺。

只有供给的种蛋是干净的，2×10^{-4} 浓度微温季胺溶液才表现出良好的效果。假如有机物质存在，季胺将失去大量的消毒潜力，因此，对消毒脏蛋作用不高。③二氧化氯。用 8×10^{-5} 浓度的二氧化氯喷雾在种蛋上对杀死细菌是非常有效的，而有机物质不能破坏其消毒效力，因此对稍微脏的蛋也是适用的。

（3）种蛋运输。种蛋从鹌鹑产蛋到入孵一般有两次运输过程，一次是从鹌鹑舍到收集后运输到鹌鹑场仓库，二次是在鹌鹑场仓库集中后运输到孵化厂，如果饲养和孵化在同一场内，则减少一次运输过程。

在运输过程中要求轻拿轻放，减少震动对蛋壳的冲击，造成蛋壳破损。可以采用具有缓冲和减振作用的包装材料和填充物，对种蛋起保护作用。

二、种蛋孵化技术

鹌鹑的人工孵化技术现在已经成熟，有鹌鹑专用的全自动电脑控制孵化机，孵化效果很好。传统的炕孵法、缸孵法、煤油灯孵化法均因落后被淘汰。国产孵化机种类型号多样，以箱体式为主，巷道式在鹌鹑场少见。孵化机内配备不同数量的蛋架车，装蛋、照检、落盘出雏可将蛋架车随意推动。控制系统采用电脑和集成电路控制，设备状态数字化显示，所有动作均可自动控制。全自动电脑控制孵化机在入孵种蛋后，设置正确的孵化技术参数，保证电能供应，专人值班保证孵化机正常运转，最后可得到良好的孵化结果。鹌鹑用孵化机与其他家禽用孵化机的结构和控制系统全都是一样的，只有承蛋盘的网格大小不同。孵化鸡蛋、鸭蛋的孵化机改用鹌鹑蛋专用蛋盘后即可孵化鹌鹑。

1. 孵化厅环境要求

孵化厂生产区应该由 5 个严格的分区组成：进蛋和分级区、

熏蒸和贮存区、孵化室、出壳和雏鹑处理室、污物处理和清洗室。孵化厂的设计和制造必须符合严格的卫生标准，为了生产优质、健康的雏鹑，孵化厂必须具备适合孵化和出雏等理想的室内环境和箱内环境。孵化厂的不同房间，如果可能，应根据下列推荐的要求进行调节（表3-1）。各室的通风也必须良好，以确保新鲜空气的供给和废气（CO_2）排出，还可散发室内余热等。

表3-1 孵化厂不同房间推荐温湿度及通风类型

	温度 /℃	相对湿度 /%	通风类型
孵化室	22	50	正压
出雏室	22	60	正压
雏鹑处理室	22	60	正压

所有的房间必须是容易清洁和消毒的，为使污染的危险降低，必须采用通道式，其流程为"种蛋—种蛋消毒（鹑舍区）—种蛋处置（分级、码盘）—种蛋贮存—入孵前消毒—孵化—落盘—出雏—雏鹑—雏鹑处置（分级、鉴别、免疫等）—雏鹑存放—雏鹑运出"，不得逆转。

孵化厂的每个工作人员在开始工作之前必须更换工作服和鞋，并清洗和消毒双手，在孵化厂内部，所有房间都必须有清洗和消毒手的设备，房间和设备必须经常清洗和消毒，至少做到：每次出壳后，对出壳室、雌雄鉴别室和雏鹑处理室进行清洗和消毒；每天对进蛋室和每周对孵化器室进行清洗和消毒。福尔马林熏蒸消毒，每立方米用高锰酸钾5.5g，福尔马林11g。首先关闭门窗，先将高锰酸钾放入陶瓷皿中或其他容器中，再倒入福尔马林产生烟雾，半小时后再敞门窗散烟雾，对室内的设备、用具、墙壁等进行彻底消毒。

2. 孵化厂设备检修

主要是检查孵化过程中使用的设备是否齐全并功能完好，能正常工作。重点检查孵化机各零件、线路是否完好无损，测量装置是否安装正确，反应是否灵敏，易损件是否有备件。检查并校正温度探测、湿度探测及读数显示是否准确无误，报警装置是否有效。在正常使用前试运行 1 ~ 2 天，确保孵化器温度控制、湿度控制、报警、自动翻蛋系统是否正常运转。

对轴承、皮带等联动装置加润滑油，管道通畅无堵塞。

如果在孵化过程中有几小时的电源故障是不大的，但也要引起足够的重视，必须采取相应措施。如果在出雏过程中大多数雏鹑已出来的情况下，发生电源故障，较好的办法是把雏鹑全部拿出来，尽管这些早产雏鹑身上还比较湿，但这样做是合适的。如果电源故障发生在第 16 天是十分危险的，特别是在第 16 天的最后几小时，在这种情况下，就要做好出雏成绩差的准备了。

3. 鹌鹑孵化过程中胚胎发育概况

鹌鹑孵化期一般是 16 ~ 17 天，以朝鲜鹌鹑为例，胚胎发育的主要外部特征如下。

第 1 天，胚盘发育、变大，四周隐约可见血丝，胚盘长径为 0.7 ~ 1.3cm。

第 2 天，胚盘四周、中部均出现血丝，胚盘最长径为 1.3cm。

第 3 天，胚胎出现，呈透明状，自然长度（指胚胎最长点间距离，即头部至尾部）为 0.5cm。

第 4 天，胚胎继续变大，自然长度为 0.8cm，眼已明显，头部明显增大，整个胚胎呈低头弯曲地抱膝姿态。

第 5 天，眼的色素开始沉着，胚胎自然长度为 1cm 左右，胚胎极度弯曲，双腿已形成。

第6天，眼已明显变黑，头部与身躯明显分化，腿部变长，翅膀长出。头部占整个胚胎的2/5。胚胎自然长度为1.3cm。

第7天，胚胎继续发育，自然长度为1.6cm，整个胚胎看起来非常清晰，喙已形成。

第8天，背部出现绒毛，由颈部向尾部出现一条由小黑点组成的纵向带，这些小黑点就是小羽根，胚胎自然长度为1.9cm。此时，脚趾完全分离。

第9天，绒毛变长，除头部外，身体的其他部位均长出绒毛、羽根，胚胎自然长度为2.2cm。

第10天，头部开始长出绒毛，身体其他部位被绒毛覆盖，绒毛已有黄色条纹，使整个颜色变成栗褐色。胚胎自然长度2.3cm，喙、足已角质化。眼被眼睑遮蔽。

第11天，胚胎自然长度为2.5cm，整个躯体被绒毛覆盖，此时，胚胎开始转身，头转向气室。

第12天，外表已似初生雏了，胚胎变大，自然长度为2.9cm。

第13天，胚胎自然长度为3.1cm，继续发育。

第14天，胚胎自然长度为3.3cm，胚胎继续发育。

第15天，喙进入气室，开始肺呼吸，尿囊血管枯萎，部分蛋黄与脐部相连，胚胎自然长度为3.5cm。开始啄壳。

第16天，大量啄壳，蛋黄吸入，并出现叫声。

第16.5天，雏鹑将气室附近啄成圆形的破口，然后伸展头脚，开始出雏。

第17天，大批出雏。

4. 孵化期的管理

（1）入孵。孵化箱应在种蛋进箱的前一天开启，并根据要求对设备的各个系统进行检查和调整；种蛋在入孵前应该静置约18小时，入孵蛋的小头向下。进箱前在22℃预热6～12小时，在炎热季节，预热室要通风良好，以防止鹑蛋"出汗"。入孵前种蛋必须消毒，种蛋数量和品种必须与计划的孵化要求进行核对。

入孵分为分批入孵和整批入孵两种形式。分批入孵是采取分批交错上蛋并恒温孵化的一种孵化方式，以便"老蛋"与新蛋之间能互相调节温度，但此方式不利于对孵化箱的彻底清洗消毒；整批入孵是采用一次性上蛋并依据胚龄的不同而变温孵化的一种方式，较为遵循胚胎代谢规律，整批入孵时，一批蛋与一批蛋之间的孵化机完全是空的，便于彻底清洗和消毒，从而减少了交叉污染。

（2）温度。温度是影响孵化效果最重要的外界条件之一，它决定胚胎的生长发育，影响雏鹑的成活。适宜的温度才能保证鹌鹑胚胎的正常物质代谢和生长发育，温度过高或过低对孵化率都有直接影响，严重时会导致胚胎死亡。孵化温度不是固定不变的，可根据胚胎发育的情况适当调整。

分批孵时采用"前平、后低"的原则。如每隔5天入孵一批，那么第一批入孵后采用38℃。第6天，即第二批鹑蛋入孵后，调成37.8℃，以后再入孵几批也同样采取该温度保持不变。15天落盘到出雏器后，调温到37.7℃。

整批入孵可采用"前高、中平、后低"的方法控温。前期（1～6天）温度为38℃，中期（7～14天）温度为37.8℃，后期（15～17天）为37.7℃。

（3）湿度。湿度对胚胎发育也有很大影响。如果湿度过低，蛋内水分蒸发过多，胚胎与胎膜粘连，影响胚胎正常发育和出壳，孵出的雏鹑身体干瘦、毛短；如果湿度过高，蛋内水分不能正常蒸发，阻碍胚胎发育，孵出的雏鹑大肚脐，无精神，活力差。一般要求孵化器内的相对湿度前期为55%～60%，后期为70%，可用水盘的数量和盛水量来对湿度进行调节。孵化室内的湿度对孵

化器内的湿度也会造成影响，因此，孵化室的相对湿度最好保持在60%～70%。湿度过低，可在地面洒水；湿度过高，应加强通风，促使水分散发。

（4）通风。随着胚胎的生长发育，其需氧量及排出的二氧化碳量不断增加，应做好孵化器内的通风，以补足氧气，排出二氧化碳，特别是孵化的中后期尤应注意，否则会发生死胚多、畸形鹑多的现象。孵化器内的通风可通过孵化器上的进出气孔来加以控制。孵化初期可关闭进出气孔，中后期则应经常打开进出气孔，经常进行换气。但要注意，不能有过堂风或风量太大。胚胎在发育过程中，不断吸收氧气和排出二氧化碳。为使胚胎能正常呼吸代谢，孵化室要保证通风换气设备正常运转。

（5）翻蛋。禽类在自然孵化过程中会不断进行翻蛋，并能将窝边的蛋与中央的蛋调换，这样就可使孵化蛋均匀受热，有利于胚胎发育，防止胚胎与蛋壳粘连。因而在以机器代替禽类进行人工孵化时，翻蛋就成为不可缺少的一项技术措施了，它可以降低死胚率，提高孵化率和孵化质量。翻蛋的方法、要求、次数及时间，因孵化器类型及胚龄的不同而不同。从种蛋入孵当天开始翻蛋，要求每2小时翻蛋1次，1昼夜翻蛋12次，15天落盘后停止翻蛋。翻蛋角度为90°。

（6）凉蛋。凉蛋是指种蛋孵化到一定的时间，或在一定的条件下，将胚蛋置于25℃左右的室温里，使胚蛋温度下降，让胚蛋得到更多的新鲜空气，促进胚胎代谢，加强血液循环，提高胚胎调解体温的能力，增强胚胎生命力，同时还能驱散孵化器内的余热，刺激胚胎，促进发育，并逐渐增强雏鹑对外界气温的适应能力。

凉蛋的方法应根据孵化时间及季节而定。对早期胚胎和在寒冷季节的胚胎注意保温，凉蛋时间不宜过长；对孵化后期的胚胎及在天气炎热时的胚胎应该多凉。这是因为早期胚胎本身发热少，寒冷季节气温低，凉蛋时间过长容易使胚胎受凉，每次凉蛋时间一般 5 ~ 15 分钟即可。后期胚胎发热多，如果天气炎热，气温高，凉蛋时间可以延长到 30 ~ 40 分钟。在无箱体孵化法中，如火炕孵化，用温度表测温多不能代表全面蛋温。长期以来，这类传统孵化法，都以孵化师傅眼皮测温为准。即以蛋的横面（不能用有气室的大头），放在眼皮上测试。人眼皮上的神经末梢分布较多，比较敏感。正常人的体温一般为 36.5 ~ 37.2℃，以眼皮测温可分 3 种感觉温度：感觉温和，蛋温比人体温度稍高，约在 37.0 ~ 37.2℃；感觉有热度，蛋温在 38.0 ~ 38.3℃；感觉烫眼热，蛋温在 39℃ 以上。一般情况下，蛋温不能达到烫眼的程度。眼皮试温亦可应用在箱形孵化法或电力孵化器停电时检查蛋温。

上述几方面，其中温度、湿度、通风、翻蛋、凉蛋之间是互相联系而又互相制约的。其中温度起着决定的、主导的作用，但它与湿度和通风又密切相关，凉蛋又直接影响着温度的高低。所以，在孵化过程中，首先要掌握好温度变化的规律，再加以其他条件，就能把孵化工作搞好。

（7）照蛋。为了解胚胎是否发育及发育的情况，孵化过程中一般要进行 2 次照蛋。第 1 次照蛋（头照）在种蛋入孵 5 ~ 7 天后进行，目的是检查种蛋是否受精，以便剔出无精蛋。发育正常的胚蛋，气室透明，其余部分呈淡红色，用照蛋器透视，可看到将来要形成心脏的红色斑点，以及以红色斑点为中心向四周辐射扩散的有如树枝状的血丝。无精蛋的蛋黄悬浮在蛋的中央，蛋体透明。死精蛋蛋内混浊，也可见到血环、血弧、血点或断了的血管，这是胚胎发育中止的蛋，应剔出加以淘汰。第 2 次照蛋（二照）在入孵后 10 天左右进行，目的是检出死胚蛋。这时胚胎发育正常

的种蛋气室变大且边界明显，其余部分呈暗色。死胚蛋则蛋内显出黑影，两头发亮，易于鉴别。由于照蛋时间稍长，易使蛋温骤然下降，尤其在冬天，因此必要时应提高室温，以免孵化率受影响。如果种蛋的受精率在 90% 以上，可不必照蛋，或头照时证实种蛋受精率很高，也可以不进行二照。这样做既可以减少种蛋的破损率，又可以节约劳动力，孵化质量也不受影响。一般用鹑蛋专用照蛋器进行照蛋，亦可使用鸡蛋用照蛋器。照蛋应快速进行，以防止种蛋冷却下来。照蛋后，将蛋装满蛋盘，保证在孵化箱中受热均匀。如果孵化种蛋数量多，可以用抽测的方式，检查受精率情况和胚胎发育情况。

（8）落盘。种蛋孵化 14 ～ 15 天时，将蛋由蛋盘移至出雏盘内，叫作落盘。落盘的蛋要平放在出雏盘上，蛋数不可太少，太少温度不够；但也不能过多，过多容易造成热量难以散发及新鲜空气供应不足，导致胚胎热死或闷死。落盘的种蛋平放后停止翻动，温度保持在 35 ～ 36℃，等待出雏。如果温度不够高，可在种蛋上加盖棉毯或棉胎，可以提高温度。一般夏天温度保持在 35℃，冬天保持在 36℃。

（9）出雏。正常的孵化时间为 17 天加 6 ～ 12 小时。不是所有的雏鹌鹑都是同时出壳，即使所有的种蛋来自同一批鹌鹑，贮存相同的时间，出雏还是要持续约 24 小时。必须避免雏鹌鹑在出雏器内过分干燥，雏鹌鹑全部出壳并且约有 95% 的雏鹌鹑绒毛已干燥时，就应立即从出雏器中取出，进一步的干燥应放在运雏箱中完成。雏鹌鹑刚装进运雏箱时，其腹松垂，绒毛尚未完全松散，站立不稳，故必须在运雏箱中放 4 ～ 5 小时，使其活泼起来，以便按质分雏和鉴别雌雄。

从出雏器中取出的雏鹌鹑，应放到温度为 25 ～ 30℃、相对湿度为75%的雏鹑处理室内，以免雏鹑挨冻和脱水。而在炎热地区，气温较高时，应加强通风。

对雏鹌鹑需要选择和分级，选择的雏鹌鹑必须符合基本的质量要求，如无畸形、无叮脐、体重大于最低标准、未脱水、绒毛颜色符合本品种特征、站得稳、灵活健壮等。

（10）清盘。出雏后的蛋壳、"毛蛋"、垫纸等要及时清除干净，然后将孵化室、孵化器、蛋盘等冲刷干净，晾干，在下次使用前重新进行消毒。

（11）停电措施。停电是孵化过程中必须面对的问题，要提前准备好停电应对措施。一般情况下，停电后立即关小进出气孔，减少机内热量扩散，拉开电闸，查找停电原因。停电4小时内不用采取特殊措施，保持室温25℃以上即可。如果停电半天以上，需要备用发电设备发电，或者将室温升到35℃以上，敞开机门，每隔半小时翻蛋1次。如果在出雏期间，要立即启动自备发电机发电，否则会影响出雏效果。如果是夏季高温季节，停电后要敞开机门，防止温度过高。

5. 胚胎死亡原因分析

鹌鹑在孵化期间常出现胚胎死亡，给养殖户造成损失。胚胎死亡的原因很多，有先天性的、营养性的、中毒性的和病理性的。

（1）胚胎前期死亡。指孵化1～6天死亡的胚胎。主要原因是种鹑的营养水平及健康状态不良，日粮中缺乏维生素A和维生素D；或种蛋保存不当，受到细菌污染；长途运输中受到高温或剧烈震动，致使系膜松弛、断裂、气室流动等；或贮存期超过2周等。

（2）胚胎中期死亡。指孵化7～14天死亡的胚胎，主要表现为胚胎异位或畸形。主要原因是种鹑日粮中缺乏维生素B_2和维生素D_3、脏蛋未清除、孵化温度过高、通风不良等。

（3）胚胎后期死亡。指孵化 15 ～ 17 天死亡的胚胎。主要原因是通气不良，缺氧闷死，剖检可见脏器充血或淤血，羊水中有血液；如胚胎体表充血，脏器大量充血，则表明受到高温的影响；小头大嘴，则说明通风换气不良；气室小，胚胎出现水肿，胃肠充满液体，说明湿度过大；胚胎木乃伊化，外壳膜、绒毛干燥，说明湿度过小。

（4）出壳时死亡。啄壳或已啄壳但未出壳而死亡。主要原因是种蛋缺乏钙、磷；或喙部畸形；或因高温和湿度过大、过小，造成窒息或粘毛而死亡；或因胎位不正、出壳困难等。

第四章　鹌鹑的营养需要与饲粮配制

第一节　鹌鹑的营养需要

鹌鹑的营养需要是指每只鹌鹑每天对能量、蛋白质和维生素等营养的需要量。由于鹌鹑具有体温高、生长快、产蛋多、代谢旺盛等特点，因此其对营养物质的需求比较严格。根据鹌鹑有机体对饲料中营养成分的需要可分为能量需要、蛋白质需要、矿物质需要、维生素需要和水的需要。

一、能量需要

饲料中碳水化合物及脂肪是鹌鹑生长、活动和维持体温所需能量的主要来源。当碳水化合物及脂肪充足时，可以减少蛋白质消耗，有利于鹌鹑的正常生长和保持一定的生产性能。反之，鹌鹑就会分解蛋白质产生热量，以满足热能的需要，从而造成蛋白质浪费，影响鹌鹑的生长和产蛋。

（1）能量的单位。能量的国际标准计量单位是焦耳（J），通常用卡（cal）来表示，lcal=4.184J。

（2）饲料中能量的利用。将饲料直接燃烧所获得的能量称为总能。饲料中每克碳水化合物含总能 17.49kJ（4.18kcal），每克脂肪含 39.33kJ（9.4kcal），每克蛋白质含 23.43kJ（5.6kcal）。但饲

料总能不能全部被鹌鹑利用，需经过消化、吸收代谢后释放出来的能量才有效。饲料中的各种能量之间的关系见图4-1。

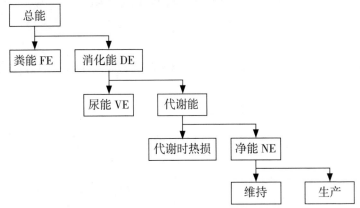

图4-1　能量在禽体内的损失与利用及各种能值的关系

鹌鹑对能量的需要目前采用代谢能表示，饲料中的总能减去粪与尿中的能量即为代谢能。

自由采食时，家禽有调节采食量以满足能量需要的本能，即当日粮能量水平低时就增加采食量，在日粮能量水平高时则减少采食量。同时，由于采食量的变化直接影响蛋白质和其他营养物质的摄取量，因此，选择合适的日粮能量水平是确定鹌鹑营养需要首先要考虑的问题。另外，环境条件对能量的影响较大，如气温、鹑舍的通风隔热条件等都直接影响能量的消耗。冬天耗能多，需要能量较高。因此，日粮中能量水平还应根据气候状况和饲养环境的变化做相应调整。

二、蛋白质

蛋白质是形成肌肉、皮肤、血液、神经、蛋和羽毛的主要成分，是维持鹌鹑生命、保证其生产和产蛋的极其重要的营养物质。蛋白质的营养价值主要取决于其氨基酸组成，尤其是必需氨基酸的组成及含量。目前已知的氨基酸有 20 余种，可分为必需氨基酸和非必需氨基酸两类。必需氨基酸是指鹑体内不能合成或合成量少，不能满足生产的需要，必须由日粮中供给的氨基酸。鹌鹑所需要的必需氨基酸有 10 种，它们是蛋氨酸、赖氨酸、色氨酸、亮氨酸、异亮氨酸、苏氨酸、缬氨酸、苯丙氨酸、精氨酸、组氨酸。非必需氨基酸是指在鹌鹑体内可以合成，不是非要从日粮中提供的氨基酸。目前已知非必需氨基酸中的胱氨酸可以由蛋氨酸来合成，酪氨酸可由苯丙氨酸来合成。因此，胱氨酸与酪氨酸不足时，实质上是增加了必需氨基酸——蛋氨酸与苯丙氨酸的需要量。所以饲料中的胱氨酸与酪氨酸的量往往都与蛋氨酸、苯丙氨酸合并考虑。在确定蛋白质需要量前，首先应明确日粮的能量水平，同时，谷物中含有较少的赖氨酸、蛋氨酸和色氨酸，饲料配合时应注意补充。通常情况下，肉用仔鹑可采用高蛋白质饲喂以获得早期快速生长，之后可采用蛋白质含量较低的饲料饲喂，能提高肉质鲜嫩度；蛋用鹑育雏期的蛋白质要求最高，育成阶段次之，产蛋后可降低一些。

三、矿物质

矿物质是鹌鹑正常生长、产蛋和繁殖等生命活动不可或缺的营养物质，通常是一些以有机盐或无机盐的形式存在的金属和非金属物质，如钙、磷、钾、钠、镁、铁等。钙、磷、镁是身体的结构物质。矿物质在代谢中也起重要作用。锰、锌、铜、铁、碘、钴是辅基酶、激素或某些维生素的组成成分，磷在体内几乎每个反应都不能缺少。矿物质包括常量元素和微量元素。常量元素有钙、磷、钠、钾、镁、硫，约占鹌鹑体重的 0.01％以上；微量元素有铁、铜、钴、锰、锌、硒，约占鹌鹑体重的 0.01％以下。

1. 常量元素

（1）钙和磷。钙和磷是骨骼和蛋壳的主要成分，也是鹌鹑所需数量最多的两种矿物质元素。钙、磷的缺乏或比例失调，会引起雏鹑软骨病、佝偻病，以至发育不良，造成母鹑骨质疏松，导致停产。谷物饲料含钙较少，配制饲料时应注意补充。另外，鹌鹑对植物中磷的利用率低，一般仅为 1/3，如日粮中缺少鱼粉时要防止磷的不足。

（2）氯和钠。通常以食盐的形式供给。氯和钠存在于鹌鹑的体液、软组织中，其主要作用是维持体内酸碱平衡；保持细胞与血液间渗透压的平衡；改进饲料的适口性，促进食欲，提高饲料利用率等。缺乏时，会引起鹌鹑食欲不振，消化不良，生长缓慢，成鹑体重减轻，产蛋率下降，蛋重减轻。因此，在鹌鹑的日粮中添加食盐时，用量必须准确，另外，在使用咸鱼粉时，要了解其含盐量，以防止食盐中毒。

（3）钾、镁和硫都是生命活动所必需的。饲料中其含量丰富，一般不会缺乏。

2. 微量元素

（1）铁。是形成血红蛋白和肌红蛋白的必需元素，且与细胞氧化过程有关。缺铁时，鹌鹑易患贫血症。一般用硫酸亚铁补充。

（2）铜与钴。共同参与血红蛋白的形成。铜有利于骨骼发育，维护血管功能。钴有促进血红素形成的作用，也是维生素 B_{12} 的主要成分。日粮中缺铜会影响铁的吸收，缺钴则影响造血功能，均能引起贫血。铜、钴、铁三者协同作用，缺一不可。一般用硫酸铜、氧化钴补充铜和钴。

（3）锌。是构成体内多种酶的成分，参与碳水化合物代谢，对繁殖有重要作用，能提高性腺的活动和性激素的活性。缺锌时，雏鹑生长迟缓，羽毛发育不良；种鹑孵化率降低，胚胎发生畸形。

一般采用氧化锌或硫酸锌补充。

（4）锰。与钙磷代谢、生长发育、蛋的形成和胚胎发育有关。最近有报道，与蛋壳强度有关。缺锰时，雏鹑骨骼发育不良，腿弯曲，生长受阻。成鹑产蛋率和种蛋孵化率均下降，蛋壳变薄。过量的钙、磷会影响锰的吸收，需增加锰的供给。一般用硫酸锰补充。

（5）碘。是甲状腺形成甲状腺素所必需的，与鹌鹑体内基础代谢密切相关，并参与所有物质的代谢过程。缺碘的，甲状腺肿大，功能代谢受阻，影响生长发育，产蛋率下降，孵化率降低。一般用碘化钾补充。

（6）硒。与维生素 E 及一些抗氧化剂密切相关，其对鹌鹑的营养作用与维生素 E 相似，但二者不能相互代替，只是起相互协调作用。硒还是谷甘肽过氧化酶的主要成分。缺硒易患渗出性素质病，发生肝细胞坏死，影响代谢，肌肉萎缩，发生白肌病，心包积水。硒是有毒元素，含量过高也会发生中毒现象，如生长受阻、神经过敏、性成熟延迟、孵化率降低。日粮中硒含量超过 5mg/kg 时，将导致大量的畸形胚胎。

四、维生素

家禽对维生素的需要量甚微，但其对机体的新陈代谢、生长、发育等有极重要作用。大多数维生素在体内不能合成，必须从饲料中摄取。对鹌鹑来说，B 族维生素、维生素 A、维生素 E、维生素 D 的补充尤为重要，可通过人工合成的单一维生素和复合多种维生素进行补充。维生素 C 在鹌鹑体内可自己合成，只在夏季炎热或出现应激时进行补充。维生素一般分为两大类，即脂溶性维生素和水溶性维生素。

脂溶性维生素有维生素 A、维生素 D、维生素 E、维生素 K 等；水溶性维生素有 B 族维生素和维生素 C。

（1）维生素A。能维持上皮细胞和神经组织的正常功能，增进食欲，促进鹌鹑的生长发育，保护视觉，增强对疾病的抵抗能力。维生素A缺乏时，雏鹑生长缓慢，死亡率增高；母鹑的产蛋率和孵化率下降；公鹑配种能力降低。维生素A存在于动物性饲料中，以鱼肝油、蛋黄和肝脏中含量最丰富。植物性饲料中没有维生素A，只有胡萝卜素，但能通过机体把胡萝卜素转化为维生素A，所以胡萝卜素又称维生素A的前体。

（2）维生素D。与鹌鹑体内的钙、磷代谢有关，能帮助钙、磷吸收，是骨骼钙化和形成蛋壳必需的营养素。缺乏时，雏鹑生长不育，产生软骨症、软喙和腿骨弯曲；母鹑缺乏时，蛋壳质量下降，产软壳蛋或无壳蛋，产蛋率下降，种蛋孵化率降低。鹌鹑经日光照射能生成维生素D。鱼肝油含维生素D丰富。

（3）维生素E。一种酚类化合物，具有抗不育的功能，所以又称生育酚。它能刺激性器官的发育，提高公鹑精子的活力和母鹑产蛋率。维生素E还与核酸的代谢及酶的氧化还原有关，具有抗氧化剂的作用。缺乏时，公鹑睾丸变性，母鹑产蛋率下降，胚胎死亡增加；雏鹑易患脑软化症，渗出性素质病的白肌病。维生素E广泛存在于青绿饲料、谷物胚芽和蛋黄中。

（4）维生素K。主要作用是促进肝脏内凝血酶原及凝血质的生物合成。缺乏时易患出血性疾病，凝血时间延长。青绿饲料、动物肝脏、鱼粉中都含有丰富的维生素K，一般不缺乏。

（5）维生素B_1（硫胺素）。为许多细胞酶的辅酶，为碳水化合物正常代谢所必需，能维持神经细胞的正常功能，促进食欲及生长。缺乏时，神经功能失调，食欲不振，生长不良。维生素B_1在糠麸、酵母、青绿饲料中含量丰富，普通日粮中不会缺乏。

（6）维生素B_2（核黄素）。对体内氧化还原、调节细胞呼吸起重要作用。是B族维生素中较易缺乏的一种。缺乏时，雏鹑生长缓慢，脚趾向内弯曲，腿部瘫痪。母鹑产蛋率、孵化率降低。维生素 B_2 在青绿饲料、糠麸、酵母、发酵产品中含量较高。

（7）泛酸（维生素 B_3）。辅酶 A 的组成部分，与碳水化合物、脂肪和蛋白质代谢有关。缺乏时，雏鹑生长缓慢，羽毛粗糙，发生皮炎；种鹑孵化率降低。泛酸在酵母、豆饼、糠麸等饲料中含量丰富。

（8）烟酸（尼克酸、维生素 B_5）。对机体的碳水化合物、脂肪和蛋白质代谢起主要作用。缺乏时，鹌鹑新陈代谢缓慢，口腔及上消化道发生炎症，食欲差，生长迟缓，羽毛松乱，并有下痢和屈腿现象。烟酸在谷物饲料、动物性副产品中含量丰富。

（9）维生素 B_6（吡哆醇）。与体内蛋白质代谢关系密切。缺少时，生长停滞，中枢神经紊乱，母鹑产蛋减少，种蛋孵化率低。吡哆醇在糠麸、酵母、谷类饲料中含量丰富。

（10）胆碱。一种含甲基的化合物，是构成卵磷脂的成分，与传递神经冲动和脂肪代谢有关。缺乏时，雏鹑生长缓慢，容易形成脂肪肝；母鹑产蛋量下降。胆碱在鱼粉、饲料酵母、糠麸等饲料中含量丰富，目前多使用工业生产的氯化胆碱进行补充。

（11）维生素 B_{12}（钴胺素）。为抗恶性贫血维生素。它与机体内碳水化合物和脂肪的代谢有密切关系。能促进体细胞的形成，提高日粮中植物性蛋白质的利用率。缺乏时，雏鹑食欲不振，生长缓慢，呈现贫血状态，甚至死亡。成年鹌鹑产蛋量下降，蛋形变小，孵化率低，孵化 18 天时的胚胎死亡率很高。维生素 B_{12} 在鱼粉、骨肉粉、动物肝脏或其他动物性饲料中含量丰富。植物性饲料中不含维生素 B_{12}。日粮中动物性饲料少时，应添加维生素 B_{12}。

（12）叶酸与维生素 B_{11}。共同参与核酸和核蛋白的代谢，有抗贫血作用。鹌鹑的生长发育、肌肉和羽毛的生长都离不开叶酸。缺乏时，生长发育受阻，贫血，羽毛生长不良，骨粗短，产蛋量

及孵化率降低。叶酸在豆饼、麸皮、酵母及动物性饲料中含量较高，玉米则缺乏。

（13）生物素（维生素H、维生素B_7）。抗蛋白毒性因子，参与蛋白质和碳水化合物的代谢，并与脂肪合成有关。缺乏时，易患皮炎，骨骼畸形，运动失调。生物素分布很广，一般不会缺乏。

（14）维生素C（抗坏血酸）。可增强机体免疫力，促进肠内铁的吸收。缺乏时，发生维生素C缺乏病。鹌鹑体内具有合成维生素C的能力，一般不会缺乏，但鹌鹑处于应激状态时应添加维生素C。

五、水

鹌鹑机体内水的比例占60%～70%，在养分的消化吸收、代谢废物的排泄、血液循环和调节体温上均起重要作用。鹌鹑停水36小时，即可陆续死亡；停水8小时，产蛋量明显下降，而且很难在短期内恢复；产蛋高峰前的鹌鹑，如果停水则会推迟产蛋高峰的到来，甚至达不到高峰，采食量也明显下降。因此，保证鹌鹑能及时喝上清洁的水是非常重要的。

第二节　常用饲料及营养成分

一、养鹑常用饲料

根据饲料的营养特性，可分为能量饲料、蛋白质饲料、矿物质饲料、维生素饲料及饲料添加剂五类。

1. 能量饲料

一般代谢能高于10.46MJ/kg，粗蛋白含量低于20%，粗纤维低于18%的饲料称为能量饲料。常用的主要有玉米、小麦、大麦、高粱、小米、大米、麸皮、植物油和动物油等。

（1）玉米。被称为"饲料之王"，其代谢能 14.06MJ/kg，粗纤维 2%，适口性好，易消化，在配合饲料中占一半左右。玉米有白玉米、黄玉米、红玉米三种，最常用的是黄玉米，其中含胡萝卜素和叶黄素较多，它可以使蛋黄颜色变深。玉米的缺点是粗蛋白质含量较低，必需氨基酸尤其是赖氨酸、蛋氨酸和色氨酸含量少，钙含量低，粉碎后养分易霉变，因此，除适当补充营养外，还要注意再加工过程中严格把关，防止发霉变质引起疾病。

（2）小麦。能量水平低于玉米，蛋白质含量则高于玉米。遇水有黏性，适口性差，价格高，钙含量低，使用时应注意补钙。

（3）大麦。能量较小麦低，粗蛋白含量高，赖氨酸含量达 0.52%，且 B 族维生素含量丰富，少量使用可增加饲粮的饲料种类，调剂营养物质的平衡。

（4）麸皮。能量不太高，粗蛋白含量较高，赖氨酸含量 0.67%，蛋氨酸低，B 族维生素含量高，粗纤维多。

（5）小米。能量、粗蛋白和维生素丰富，可直接饲喂，用量在 10% ~ 30%。

（6）高粱。淀粉含量丰富，能量与玉米接近，但高粱中含鞣酸，适口性差，用量不宜超过 10%。

（7）植物油和动物油。常用的植物油有玉米油、豆油，动物油有牛油、羊油、猪油和鱼油。高产的蛋鹑料、肉鹑料或在夏季抗高温料中可添加 1% ~ 3% 的油脂。

2. 蛋白质饲料

一般将干物质中粗蛋白质含量高于 20%、粗纤维含量低于 18% 的饲料称为蛋白质饲料。根据其来源可分为植物性蛋白质饲料和动物性蛋白质饲料。

（1）植物性蛋白质饲料。植物性蛋白质饲料以消化率高、成

本较低被广泛应用。主要包括豆类籽实及其加工副产品、各种油料籽实及其他饼粕。使用时应注意生的籽实不能直接利用，须先加热或进行其他处理，有的饼粕含有毒素，必须脱毒后方可饲喂。

大豆饼：粗蛋白含量40%～45%，是最常用的植物性蛋白质饲料。热榨豆粕品质优良，适口性好，赖氨酸、B族维生素及钙磷含量较高，一般占日粮的20%～35%。生大豆饼或冷榨豆饼含抗胰蛋白酶，可造成拉稀，降低蛋白质利用率，且大豆饼中蛋氨酸含量低，使用时应引起注意。

花生饼：蛋白质含量在30%～45%，但蛋氨酸和赖氨酸较少。使用时应注意，冷榨饼含抗胰蛋白酶，不宜生喂，且花生饼易发霉变质，应注意保管。

菜籽饼：含粗蛋白质30%～38%，烟酸含量较高，适口性差，带有苦辣味。菜籽饼含有黑芥素，多食可引起中毒，应在脱毒后饲喂，用量不可超过3%～5%。

棉籽饼：粗蛋白质含量仅次于大豆饼，但赖氨酸、钙及维生素A、维生素D均缺乏。其营养价值低于大豆饼。棉籽饼含有游离棉酚毒素，饲喂时要注意脱毒后饲喂。

（2）动物性蛋白质饲料。动物性蛋白质饲料蛋白质含量特别高，B族维生素，特别是核黄素、维生素B_{12}等含量相当高，钙、磷含量也高，粗纤维含量极低。

鱼粉：蛋白质含量高，氨基酸组成完善，尤其是蛋氨酸和赖氨酸含量丰富，并含大量的B族维生素和钙、磷等矿物质，对鹌鹑生产、产蛋、繁殖都有良好的效果，是养禽业中最理想的动物性饲料，在一般饲料中占5%～15%。鱼粉有进口鱼粉和国产鱼粉的区别，进口鱼粉蛋白质含量可达60%～65%，国产鱼粉也在40%以上。使用鱼粉前要化验沙门菌、尿素和食盐含量，以防引起中毒和感染疾病，鱼粉内砂土含量不应超过2%。

肉粉：肉粉是加工厂下脚料和不能食用的屠体部分经高温高压灭菌、粉碎和烘干后生产的产品。蛋白质含量在55%，赖氨酸和磷的含量高，蛋氨酸含量低。在鹌鹑日粮中的添加量一般为2%～5%。变质肉粉易诱发大肠杆菌病、真菌病、溃疡性肠炎和拉稀等疾病，使用时应注意鉴别。

血粉：是肉品加工厂利用动物鲜血烘干加工而成的。蛋白质含量在84.7%左右，但氨基酸含量不平衡，蛋白质消化利用率低，有黏性，适口性不佳。鹌鹑饲料中用量在3%以下。

蚕蛹粉：蛋白质含量60%左右，脂肪含量高达20%，氨基酸含量高且组成较平衡，是优质动物性蛋白质饲料。但脂肪含量高易腐败变质，使用时应严把质量关。肉鹑饲料中长期使用，会引起肉质异味，上市前肉鹑或淘汰鹌鹑前应禁止使用。

蚯蚓：是一种新型动物性饲料补充料。新鲜蚯蚓含粗蛋白42%，干蚯蚓可达72%，饲喂时要防止寄生虫卵感染。

3. 矿物质饲料

矿物质饲料主要有骨粉、石粉、食盐、贝壳粉和沙砾等。

（1）骨粉。含钙26%，磷约13%，是良好的钙、磷来源，且钙、磷比例合适，价格便宜，日粮中添加1%～3%即可。

（2）石粉。含钙38%，是钙的补充料，日粮中一般不超过2%。

（3）食盐。一般日粮中添加量为0.15%～0.3%。与鱼粉共用时，应注意鱼粉含盐量，防止食盐中毒。

（4）贝壳粉和蛋壳粉。含钙量38%，常用以补充饲料中钙质的不足，可占日粮的1%～4%。

（5）沙砾。沙砾不是饲料，在日粮中添加有助于提高鹌鹑肌胃对饲料的研磨，提高饲料消化率。添加量一般在0.5%～1%。

4. 维生素饲料

主要用来供给鹌鹑生长、繁殖和产蛋需要的维生素。青饲料

和干草粉是主要的维生素来源，如幼嫩的牧草、瓜果、苜蓿粉、槐叶粉、针叶粉等都是很好的维生素饲料。在饲料中添加1%～5%的维生素饲料可显著改善鹌蛋、鹌肉的品味，提高种蛋的孵化率和受精率。大型养鹌常采用多维制剂替代传统维生素饲料。

5. 饲料添加剂

饲料添加剂是指配合饲料中加入的各种微量成分，包括各种合成氨基酸、维生素制剂、微量元素、抗生素、酶制剂、抗氧化剂和着色剂等。添加剂主要为了提高饲料利用率，促进生长，防治疾病和改进产品品质等。

（1）维生素添加剂。采用较多的是禽用多种维生素。这是一种效果良好的维生素添加剂，省工、省时，但价格很高，市售的质量各异，选购时应慎重。使用时应根据不同禽种、不同阶段的维生素需要量自行配制。

（2）微量元素添加剂。常用微量元素添加剂有硫酸锰、硫酸锌、硫酸铜和硫酸亚铁等。由于日粮中添加量很少，使用时要注意混合拌匀。

（3）氨基酸添加剂。添加于日粮中的氨基酸主要是植物性饲料中最缺乏的必需氨基酸——蛋氨酸与赖氨酸。在动物性饲料氨基酸缺乏的情况下也必须添加。目前已有无鱼粉的情况下添加氨基酸的配合的日粮饲喂家禽的研究，且效果不错，但氨基酸添加剂价格也较高。

（4）抗生素。一般饲料添加抗生素是根据不同禽种在需要预防某类疾病时才添加。常用的有土霉素等广谱抗生素。

二、常用饲料的营养成分

饲料的种类、产地、气候条件、收获季节及土壤肥力等都会造成其营养成分的差异。鹌鹑常用的饲料及其营养成分见表

4-1 ~ 表 4-3。

表 4-1　鹌鹑常用饲料成分及营养价值（一）

项目	玉米	小麦	高粱	大麦	稻谷	碎米	谷子	次粉	小麦麸
干物质 /%	86	88	86	87	86	88	86.5	87	87
代谢能 /MJ·kg^{-1}	14.06	12.72	12.3	11.21	11	14.23	11.88	12.51	6.57
粗蛋白质 /%	8.6	13.4	9	13	7.8	10.4	9.7	13.6	14.4
粗脂肪 /%	2.0	1.7	3.4	2.1	1.6	2.2	2.3	2.1	9.2
粗纤维 /%	2.6	1.9	1.4	2	8.2	1.1	6.8	2.8	6.8
无氮浸出物 /%	68.3	69.1	70.4	67.7	63.8	72.7	65	66.7	57.1
粗灰分 /%	1.3	1.9	1.8	2.2	4.6	1.6	2.7	1.8	4.8
钙 /%	0.04	0.17	0.13	0.04	0.03	0.06	0.12	0.08	0.18
总磷 /%	0.25	0.41	0.36	0.39	0.36	0.35	0.3	0.48	0.78
有效磷 /P%	0.09	0.13	0.12	0.13	0.15	0.12	0.09	0.15	0.28
精氨酸 /%	0.5	0.62	0.33	0.64	0.57	0.78	0.3	0.85	0.88
组氨酸 /%	0.29	0.3	0.18	0.16	0.15	0.27	0.2	0.33	0.37
异亮氨酸 /%	0.27	0.46	0.35	0.43	0.32	0.39	0.36	0.48	0.46
亮氨酸 /%	0.74	0.89	1.08	0.87	0.58	0.74	1.15	0.98	0.88
赖氨酸 /%	0.27	0.35	0.18	0.44	0.29	0.42	0.15	0.52	0.47
蛋氨酸 /%	0.15	0.21	0.17	0.14	0.19	0.22	0.25	0.16	0.22
胱氨酸 /%	0.16	0.3	0.12	0.25	0.16	0.17	0.2	0.33	0.26
苯丙氨酸 /%	0.37	0.61	0.45	0.68	0.4	0.49	0.49	0.63	0.57
酪氨酸 /%	0.28	0.37	0.32	0.4	0.37	0.39	0.26	0.45	0.34
苏氨酸 /%	0.3	0.38	0.26	0.43	0.25	0.38	0.35	0.5	0.45
色氨酸 /%	0.08	0.15	0.08	0.16	0.1	0.12	0.17	0.18	0.18
缬氨酸 /%	0.46	0.56	0.44	0.63	0.47	0.57	0.42	0.68	0.65

表 4-2 鹌鹑常用饲料成分及营养价值（二）

项目	米糠	大豆饼	大豆粕	棉籽饼	棉籽粕	菜籽饼	菜籽粕	花生仁饼	向日葵仁粕
干物质 /%	87	89	89	88	90	88	88	88	88
代谢能 /MJ·kg^{-1}	11.21	11.05	10.29	8.18	7.95	8.45	7.99	12.26	8.49
粗蛋白质 /%	12.8	43.0	44.2	36.3	43.5	35.7	38.6	44.7	33.6
粗脂肪 /%	16.5	5.7	1.9	7.4	0.5	7.4	1.4	7.2	1
粗纤维 /%	5.7	4.8	5.9	12.5	10.5	11.4	11.8	5.9	14.8
无氮浸出物 /%	44.5	30.7	28.3	26.1	28.9	26.3	28.9	25.1	38.8
粗灰分 /%	7.5	5.9	6.1	5.7	6.6	7.2	7.3	5.1	5.3
钙 /%	0.07	0.32	0.33	0.21	0.28	0.59	0.65	0.25	0.26
总磷 /%	1.43	0.5	0.62	0.83	1.04	0.96	1.02	0.53	1.03
有效磷 /P%	0.2	0.17	0.21	0.28	0.36	0.33	0.35	0.16	0.26
精氨酸 /%	1.06	2.53	3.38	3.94	4.65	1.82	1.83	4.6	2.89
组氨酸 /%	0.39	1.1	1.17	0.9	1.19	0.83	0.86	0.83	0.74
异亮氨酸 /%	0.63	1.57	1.99	1.16	1.29	1.24	1.29	1.18	1.39
亮氨酸 /%	1	2.75	3.35	2.07	2.47	2.26	2.34	2.36	2.07
赖氨酸 /%	0.74	2.45	2.68	1.4	1.97	1.33	1.3	1.32	1.13
蛋氨酸 /%	0.25	0.48	0.59	0.41	0.58	0.6	0.63	0.39	0.69
胱氨酸 /%	0.19	0.60	0.65	0.7	0.68	0.82	0.87	0.38	0.5
苯丙氨酸 /%	0.63	1.79	2.21	1.88	2.28	1.35	1.45	1.81	1.43
酪氨酸 /%	0.5	1.53	1.47	0.95	1.05	0.92	0.97	1.31	0.91
苏氨酸 /%	0.48	1.44	1.71	1.14	1.25	1.4	1.49	1.05	1.14
色氨酸 /%	0.14	0.64	0.57	0.39	0.51	0.42	0.43	0.42	0.37
缬氨酸 /%	0.81	1.7	2.09	1.51	1.91	1.62	1.74	1.28	1.58

表 4-3 鹌鹑常用饲料成分及营养价值（三）

项目	玉米胚芽饼	鱼粉（进口）	鱼粉（国产）	血粉	羽毛粉	肉骨粉	骨粉	肉粉	苜蓿草粉
干物质 /%	90	90	90	88	88	93	95.20	94	87
代谢能 /MJ·kg^{-1}	9.54	12.13	11.8	10.29	11.42	9.96		9.2	3.64
粗蛋白质 /%	16.7	62.0	53.5	82.8	77.9	50		54	17.2
粗脂肪 /%	9.6	4.9	10	0.4	2.2	8.5		12	2.6
粗纤维 /%	6.3	0	0.8	0	0.7	2.8		1.4	25.6
无氮浸出物 /%	50.8	11.6	4.9	1.6	1.4	0		4.3	33.3
粗灰分 /%	6.6	12.8	20.8	3.2	5.8	31.7		22.3	8.3
钙 /%	0.04	3.91	5.88	0.29	0.2	9.2	36.40	7.69	1.52
总磷 /%	0.5	2.9	3.2	0.31	0.68	4.7	16.40	3.88	0.22
有效磷 /P%	0.15	2.9	3.2	0.31	0.68	4.7	16.40	3.88	0.22
精氨酸 /%	1.16	3.57	3.24	2.99	5.3	3.35		3.6	0.74
组氨酸 /%	0.45	1.71	1.29	4.4	0.58	0.96		1.14	0.32
异亮氨酸 /%	0.53	2.68	2.3	0.75	4.21	1.7		1.6	0.66
亮氨酸 /%	1.25	4.8	4.3	8.38	6.78	3.2		3.84	1.1
赖氨酸 /%	0.7	4.25	3.87	6.67	1.65	2.6		3.07	0.81
蛋氨酸 /%	0.31	1.65	1.39	0.74	0.59	0.67		0.8	0.2
胱氨酸 /%	0.47	0.56	0.49	0.98	2.93	0.33		0.6	0.16
苯丙氨酸 /%	0.64	2.35	2.22	5.23	3.57	1.7		2.17	0.81
酪氨酸 /%	0.54	1.96	1.7	2.55	1.79	1.26		1.4	0.54
苏氨酸 /%	0.64	2.57	2.51	2.86	3.51	1.63		1.97	0.69
色氨酸 /%	0.16	0.7	0.6	1.11	0.4	0.26		0.35	0.37
缬氨酸 /%	0.91	3.17	2.77	6.08	6.05	2.25		2.66	0.85

第三节　鹌鹑饲料配制

一、鹌鹑的饲养标准

目前我国尚未制定鹌鹑饲养标准。表 4-4 是美国国家研究委员会（NRC）提供的日本鹌鹑的饲养标准，表 4-5 是中国白羽鹌鹑饲养标准。

表 4-4　美国 NRC（1994）建议对日本鹌鹑日粮种营养物质需要量

（干物质 =90%）

营养物质	雏鹑和生长鹌鹑	种鹌鹑
代谢能 /MJ・kg^{-1}	12.13	12.13
蛋白质 /%	24	20
精氨酸 /%	1.25	1.26
甘氨酸＋丝氨酸 /%	1.15	1.17
组氨酸 /%	0.36	0.42
异亮氨酸 /%	0.98	0.9
亮氨酸 /%	1.69	1.42
赖氨酸 /%	1.3	1
蛋氨酸 /%	0.5	0.45
蛋氨酸＋胱氨酸 /%	0.75	0.7
苯丙氨酸 /%	0.96	0.78
苯丙氨酸＋酪氨酸 /%	1.8	1.4
苏氨酸 /%	1.02	0.74
色氨酸 /%	0.22	0.19
缬氨酸 /%	0.95	0.92
亚油酸 /%	1	1

52

营养物质	雏鹑和生长鹌鹑	种鹌鹑
钙 /%	0.8	2.5
氯 /%	0.14	0.14
非植物磷 /%	0.3	0.35
钾 /%	0.4	0.4
钠 /%	0.15	0.15
镁 /mg·kg^{-1}	300	500
铜 /mg·kg^{-1}	5	5
碘 /mg·kg^{-1}	0.3	0.3
铁 /mg·kg^{-1}	120	60
锰 /mg·kg^{-1}	60	60
硒 /mg·kg^{-1}	0.2	0.2
锌 /mg·kg^{-1}	25	50
维生素 A/IU	1650	3300
维生素 D/IU	750	900
维生素 E/IU	12	25
维生素 K/mg·kg^{-1}	1	1
维生素 B$_{12}$/mg·kg^{-1}	0.003	0.003
生物素 /mg·kg^{-1}	0.3	0.15
胆碱 /mg·kg^{-1}	2000	1500
叶酸 /mg·kg^{-1}	1	1
烟酸 /mg·kg^{-1}	40	20
泛酸 /mg·kg^{-1}	10	15
吡哆酸 /mg·kg^{-1}	3	3
核黄素 /mg·kg^{-1}	4	4
硫胺素 /mg·kg^{-1}	2	2

表 4-5　中国白羽鹌鹑营养需要建议量

项目	0～3 周	4-5 周	种鹌鹑
代谢能 /MJ·kg^{-1}	11.92	11.72	11.72
蛋白质 /%	24	19	20
精氨酸 /%	1.25	1	1.25
甘氨酸＋丝氨酸 /%	1.2	1	1.17
组氨酸 /%	1.36	0.3	0.42
异亮氨酸 /%	0.89	0.18	0.9
亮氨酸 /%	1.69	1.4	1.42
赖氨酸 /%	1.3	0.95	1.2
蛋氨酸＋胱氨酸 /%	0.85	0.7	0.9
蛋氨酸 /%	0.55	0.45	0.5
苯丙氨酸＋酪氨酸 /%	1.8	1.5	1.4
苯丙氨酸 /%	0.96	0.8	0.78
苏氨酸 /%	1.02	0.85	0.74
色氨酸 /%	0.22	0.18	0.19
缬氨酸 /%	0.95	0.79	0.92
钙 /%	0.9	0.7	3
有机磷 /%	0	0.45	0.55
钾 /%	0.4	0.4	0.4
镁 /mg·kg^{-1}	300	300	500
钠 /%	0.15	0.15	0.15
氯 /%	0.2	0.15	0.15
锰 /mg·kg^{-1}	90	80	70
锌 /mg·kg^{-1}	100	90	60
铜 /mg·kg^{-1}	7	7	7
碘 /mg·kg^{-1}	0.3	0.3	0.3

项目	0～3周	4-5周	种鹌鹑
硒 /mg·kg⁻¹	0.2	0.2	0.2
维生素 A/IU	5000	5000	5000
维生素 D/IU	1200	1200	2400
维生素 E/IU	12	12	15
维生素 K/mg·kg⁻¹	1	1	1
维生素 B₂/mg·kg⁻¹	4	4	4
泛酸 /mg·kg⁻¹	10	12	15
烟酸 /mg·kg⁻¹	40	30	20
维生素 B₁₂/mg·kg⁻¹	3	3	3
胆碱 /mg·kg⁻¹	2000	1800	1500
生物素 /mg·kg⁻¹	0.3	0.3	0.3
叶酸 /mg·kg⁻¹	1	1	1
硫胺素 /mg·kg⁻¹	2	2	2
吡哆酸 /mg·kg⁻¹	3	3	3

应用饲养标准应注意的问题：

（1）饲养标准只是鹌鹑对营养物质需要量的相对近似值，随着养鹑业的发展与生产水平的提高，应不断地对饲养标准进行修订、充实和完善。

（2）不同的鹌鹑品种的营养需要可能有所差异，因此配合饲料后应注意密切观察实际饲养效果，并根据饲养效果和鹌鹑的反应，适当调整日粮。

二、鹌鹑饲料配制

饲料配制应注意的问题：

（1）饲料选择应因地制宜，做到既能满足家禽营养需要，又

能尽可能降低生产成本。

（2）饲料的种类尽可能多一些，在保证营养物质的同时，还要提高饲料的消化利用率。

（3）饲料的品质和适口性要好。劣质饲料或适口性差的饲料，最好少喂或不喂，禁止饲喂发霉饲料。

（4）严格控制饲料中粗纤维用量，保证所配饲料体积的大小与鹌鹑的消化道容积相适应。通常粗纤维最大用量不得超过5%。

（5）所用饲料要保证有充足的来源，使配合饲料具有相对的稳定性。饲料变化时，必须徐徐改变，使鹌鹑对新配合饲料有个适应过程。

（6）配合日粮要混合均匀，尤其是微量元素添加剂。

三、饲料配制举例

配合日粮的方法很多，有试差法、对角线法、计算机配料等，其中以试差法应用较广泛。下面介绍试差法配合日粮的例子。

例：试用玉米、麸皮、豆饼、鱼粉、骨粉为种用鹌鹑配合日粮。

第一步，列出所选用饲料的营养成分及种用鹌鹑的营养需要，见表4-6。

表4-6　所选用饲料的营养成分及种鹑饲养标准

饲料	代谢能 /MJ·kg^{-1}	蛋白质 /%	钙 /%	磷 /%	赖氨酸 /%	蛋氨酸＋胱氨酸 /%	粗纤维 /%
玉米	14.06	8.60	0.04	0.21	0.27	0.31	2.00
麸皮	6.57	14.40	0.18	0.78	0.47	0.48	9.20
豆饼	11.05	43.00	0.32	0.50	2.45	1.08	5.70
鱼粉	12.13	62.00	3.91	2.90	4.25	2.21	0
骨粉	0	0	36.4	16.40	0	0	0
种鹑饲养标准	11.70	24.00	2.50	0.80	1.10	0.80	＜5

第二步，试定配方中各种饲料用量，并计算出与饲养标准相差量（留5%待补矿物质料，若为生长期鹌鹑配料，留2%比例即可），见表4-7。

表4-7　配方中多种饲料用量及与饲养标准相差量

饲料	使用重量/%	代谢能/MJ·kg⁻¹	蛋白质/%	赖氨酸/%	蛋氨酸+胱氨酸/%
玉米	50	7.03	4.30	0.14	0.16
麸皮	10	0.66	1.44	0.05	0.05
豆饼	20	2.21	8.60	0.49	0.22
鱼粉	15	1.82	9.30	0.64	0.33
合计	95	11.72	23.64	1.32	0.76
种鹑饲养标准		11.70	24.00	1.10	0.80
与标准相差		0.02	-0.36	0.22	-0.04

第三步，调整饲料用量，使有机养分符合要求，并计算矿物质需要量。上述配方试配计算结果，代谢能和赖氨酸已满足要求，蛋白质和蛋氨酸+胱氨酸尚不足，尤其是蛋氨酸+胱氨酸缺得较多，故可用蛋白质和蛋氨酸+胱氨酸较高的鱼粉或豆饼取代一部分含量低的麸皮。鱼粉和麸皮的蛋氨酸+胱氨酸含量分别为2.21%和0.48%，因此每增加1份鱼粉以取代1份麸皮，可增加蛋氨酸+胱氨酸0.017%，现尚差0.05%。可用3%鱼粉以取代3%的麸皮就能满足需要。调整后的配方见表4-8。

表4-8　调整后的配方表

饲料	使用重量/%	代谢能/MJ·kg⁻¹	蛋白质/%	钙/%	磷/%	赖氨酸/%	蛋氨酸+胱氨酸/%	粗纤维/%
玉米	50	7.03	4.30	0.02	0.11	0.14	0.16	1
麸皮	7	0.46	1.01	0.01	0.05	0.03	0.03	0.644
豆饼	20	2.21	8.60	0.06	0.10	0.49	0.22	1.14

饲料	使用重量/%	代谢能/MJ·kg⁻¹	蛋白质/%	钙/%	磷/%	赖氨酸/%	蛋氨酸＋胱氨酸/%	粗纤维/%
鱼粉	18	2.18	11.16	0.70	0.52	0.77	0.40	0
合计	95	11.88	25.07	0.79	0.78	1.43	0.81	2.784
种鹑饲养标准		11.70	24.00	2.50	0.80	1.10	0.80	＜5
与标准相差		+0.18	+1.07	−1.71	−0.02	+0.33	+0.1	

调整后的配方所含的代谢能、蛋白质、赖氨酸和蛋氨酸＋胱氨酸均基本符合要求。但钙还缺 1.71%。可用 4.7% 骨粉补充（1.71/0.364=4.7），而 4.7% 骨粉还含有磷 0.77%，足以补充原来饲料中磷的不足，再加 0.3% 食盐，总量正好 100%。

如果经过第三步调整后，配方中营养还不符合要求，那么配方还要继续配下去，直到符合标准为止。

四、鹌鹑配方实例

各期饲料配方举例见表 4-9、表 4-10。

表 4-9　饲料配方举例（一）　　　　　　　（%）

品种	玉米	豆饼	鱼粉	麸糠	草粉	骨粉	石粉	来源
雏鹑	54	25	15	3.5	1.5	1.0		北京市种鹌鹑场
	59	27	8	3.5	1.0	1.5		南京农业大学
	62	26	7	3.5	1.0	1.5		南京农业大学
仔鹑	65	20	7	5	1.5	1.5		南京农业大学
	63	16	8	10	1.5	1.5		南京农业大学
	52	27	10	5	5	1.0		北京市莲花池鹌鹑场
	57	24	12	3.8	1.7	1.5		北京市种鹌鹑场
产蛋鹑	50.5	22	14	3.5	4.2	2	3.8	北京市种鹌鹑场
	47	23	10	4	5	1		北京市莲花池鹌鹑场
	50	21	17	8		4		南京农业大学
	45	25	18	5	2	2	3	广州白云山鹌鹑场

表 4-10　饲料配方举例（二）　　　　　（%）

品种	玉米	麸皮	膨化大豆	豆粕	菜粕	鱼粉	豆油	石粉	磷酸氢钙	1%预混料	来源
雏鹑	57.8	3.0	3.0	28.0		4.0	1.0	1.2	1.0	1.0	湖北神丹种鹑场
仔鹑	57.2	4.5	3.0	26.0	3.0	2.0		2.5	0.8	1.0	
产蛋鹑	50.5	3.5	3.0	26.0	3.0	3.0	1.0	8.0	1.0	1.0	

第四节　饲料的加工与贮藏

一、饲料的加工

（一）饲料原料的加工

饲料原料的加工主要包括能量饲料的加工和蛋白质饲料的加工两部分。

1. 能量饲料的加工

能量饲料的营养价值和消化率一般都比较高，但是能量饲料籽实的种皮、颖壳、内部淀粉粒的结构等都能影响其物质的消化和吸收，所以能量饲料也须经过一定的加工，以便充分发挥其营养物质的作用。能量饲料的加工主要有物理加工、发芽与糖化、发酵三种方法。

（1）物理加工。籽实饲料都比较坚实并包被有一层种皮。有些在种皮之外还包被一层硬壳（颖壳），如大麦、燕麦及水稻，这层壳皮不易透水，如在动物口腔中逃脱咀嚼过程，进入肠胃就不易被各种消化酶或微生物所作用而整粒随粪排出，这在牛、猪之类咀嚼粗放的动物中最容易发生，而家禽则可利用肌胃的研磨功能避免此问题，但是，为了更利于利用，对谷物类饲料进行处

理也是必要的，物理加工又包括磨碎、压扁与制粒、浸泡与湿润、蒸煮或焙炒等。

磨碎、压扁与制粒：饲料磨碎通过垂片式粉碎机粉碎，粉碎的粗细度则依靠各种孔径大小的筛片来控制。一般饲料不可磨得太细。粉状饲料适口性反而较差，特别是像小麦粉类饲料，其中含谷蛋白较多，特别容易糊口，并在消化道中形成很黏的面团状物，不利消化。相反，磨得太粗，混有的细小杂草种子极易逃脱磨碎作用，则达不到饲料粉碎的目的。饲料磨碎后，具有保护作用的外皮被破坏。细碎的粒子与空气接触的表面积总和较原籽实增大多倍，很易吸水与氧化，因此，在温暖潮湿的环境里不易长期保存，特别是含脂量高的饲料如玉米、燕麦与糙米，由于本身酶的释放，最易引起脂肪水解性的酸败，故一次加工不宜太多。压扁是采用成对相适应的辊轴组，饲料经蒸汽软化后，通过这对辊轴的间隙被压成薄片状物。粉碎的饲料由于粉尘较多，家畜采食浪费较大；特别是实行机械化不方便，也不易保存，故现时国内外机械化养畜场都采用颗粒饲料。用小块状的颗粒饲料补充劣质的牧场上放牧家畜的营养也很方便，可以不用饲槽，而就地撒喂。除此之外，有些饲料如麦麸，据称制粒后可以提高一定的营养价值，其原因是麦麸中的糊粉层细胞经过制粒过程开始的蒸汽处理与以后压制过程中的高压锉挤后，它的厚实细胞壁破裂，从而释放出细胞内的营养。

浸泡与湿润：浸泡多用于坚硬的籽实或油饼的软吃，或用于溶去饲料原料中的有毒物质。豆类、油饼类、谷类籽实等经水浸泡后，因吸收水分而膨胀柔软，所含有毒物质和异味均可减轻，适口性提高，也容易咀嚼，从而利于动物胃肠的消化。用水量随浸泡饲料的目的不同而有差异，以泡软饲料为目的时，一般料水比为1∶1～1∶5，即手握饲料指缝浸出水滴为准，饲喂前不需脱水可直接饲喂。而以溶去有毒物质为目的时,料水比应达1:2左右。饲喂前应滤去未被饲料吸收的水分。浸泡时间长短应随环境温度及饲料种类不同而不同,以不引起饲料变质为原则。豆类饲料蛋白质含量高,夏天易腐败而产生有害物质,故不宜浸泡。

蒸煮或焙炒:蒸煮或高压蒸煮可以进一步提高饲料的适口性,对于某些精料则效果明显,如马铃薯、大豆及豌豆等。这是由于豆类经高温可以破坏抗胰蛋白酶等抗营养因子,从而提高蛋白质的消化利用,同时高温处理还可改善生长大豆的特殊腥味,甚至还可能提高含硫氨基酸的利用效率。因而如用浸出法制成的豆油与豆腐渣,均应煮熟饲喂。蒸煮另一作用是可以杀菌杀虫,对于来源不清的混杂饲料如厨房厨余物,必须经过消毒后才可利用。

焙炒温度一般可达140℃左右,这时饲料中的淀粉可以部分转化为糊精,提高香味与适口性。通常大麦焙炒后,用作仔猪的诱食饲料,或磨粉后作为香料拌于仔猪料中,有促进食欲的效果。

(2)发芽与糖化。

发芽:籽实的发芽过程是一个复杂的包含质变的过程。大麦是最好的发芽预料,大麦发芽后其中一部分蛋白质分解为氨化物,无氮浸出物减少,纤维素比例增加,维生素A原和B族维生素及各种酶等的含量均有明显提高。此法主要用在冬、春季节缺乏青饲料的情况下作为家禽、种用家畜及高产乳牛的维生素补充饲料,在鹑日粮中喂20%大麦芽代替维生素添加剂,对提高产蛋率、降低饲料消耗,均有良好效果。

糖化:是将富含淀粉的谷物饲料粉碎后,经过饲料本身或麦芽糖淀粉酶的作用进行糖化,使籽实饲料中一部分淀粉转变为麦芽糖。糖化前,谷类籽实含有70%左右的淀粉,0.5%~2.0%的糖分;糖化后,糖的含量可提高8%~12%,同时会产生少量的乳酸。因此,饲料经糖化处理后,具有酸、香、甜的特性,显著

改善了饲料的适口性。糖化饲料存放时间不要超过 10 ～ 14 小时，否则易引起酸败变质，对蛋白质含量高的豆类籽实和饼类等则不宜糖化。

（3）发酵。通过微生物的繁殖改变精饲料的性质，以获得新的营养特性，用在实践中的某些特殊生产时期。精饲料发酵用的微生物多为酵母，故以用于富含碳水化合物的饲料为好，蛋白质饲料不宜发酵。籽实类饲料的发酵有直接发酵法和间接发酵法两种。由于发酵饲料本身是微生物生存的良好环境，如果未加防腐剂或干制保存，一般不易保存，容易因继续进行其他微生物过程而变质，故宜现做现喂。

2. 蛋白质饲料的加工

主要包括了饼类饲料的加工，其加工主要是去毒处理。

（1）菜籽饼。菜籽饼含有一些影响畜禽采食、消化、吸收利用甚至影响畜禽健康的成分，其中影响最大的是硫葡萄糖苷，必须经过去毒处理，才能保证饲用安全。处理方法有物理处理法、化学法和青贮发酵法。

（2）棉籽饼（粕）。国内外大量研究一致认为去毒棉籽饼（粕）作饲料可提高畜产品产量和经济效益，如果添加适量的氮、赖氨酸，可与豆饼、鱼粉媲美。棉籽饼由于含有：①棉毒素（或称游离棉酚），这是一种双萘酚化合物，主要是由其活性醛基与活性羟基产生毒性，长期采食会引起棉酚的积累而中毒；②环丙烯脂肪酸以及胰蛋白酶抑制因子、红细胞凝集素、生物碱、焦性磷酸盐、含氮有机碱等有害物质，这些物质能抑制畜禽的正常生长。棉籽饼的脱毒方法主要有碱性物质脱毒、硫酸亚铁脱毒、物理去毒和发酵法脱毒。

（3）鱼粉。鱼粉加工有干法、湿法、土法三种。干法生产的过程是原料经过蒸干、压榨、粉碎、成品包装。湿法生产的过程是原料经过蒸煮、压榨、干燥、粉碎包装。干、湿法生产的鱼粉质量好，适用于大规模生产，但投资费用大。土法生产有晒干法、烘干法、水煮法三种。晒干法的过程是原料经盐渍、晒干、磨粉，生产的是咸鱼粉，未经高温消毒，不卫生，含盐量一般在 25% 左右。烘干法的过程是原料烘干、磨粉而成，原料里可不加盐，成品鱼粉含盐量较低，质量比前一种略好。水煮法的过程是原料经水煮后，晒干或烘干、磨粉。此法因原料经过高温消毒，质量较好。

（二）配合饲料的加工

配合饲料的种类较多，其中预混料和浓缩料加工技术要求高，工艺精细，通常由专门厂家生产其产品，供全价配合料厂配料使用。全价配合料的加工有工厂化的规模生产，有条件的也可自家加工。但不论生产规模的大小，其生产工艺流程是大同小异。生产规模大，设备较完善；规模小，受投资的限制，设备简单。有的生产工艺是在其他类型的厂完成，如小型加工机组通常购买中间产品——预混料或浓缩料。预混料与当地的能量和蛋白质补充饲料配合，浓缩料需与能量饲料配合。

二、饲料的贮藏

1. 能量饲料的贮藏

谷物饲料是鹌鹑最常用的能量饲料。并且由于农产品生产的季节性与市场供应的不平衡性，谷物饲料贮藏不当往往造成巨大损失，因此，了解影响谷物饲料变化的因素是必须的。

常见的影响谷物饲料变化的因素有以下几方面：

（1）仓储的温度、湿度。温度、湿度不当可促使维生素 A 及胡萝卜素因氧化而损失。

（2）矿物质的偏酸性与其催化性质破坏某些维生素，或使其他养料发生氧化过程。

（3）光线可破坏维生素 A、核黄素与抗坏血酸。

（4）谷物自身含有的解脂酶使脂肪水解，游离出的脂肪酸影响适口性，特别是不饱和脂肪酸易被氧化而使脂肪哈变。

（5）饲料中水分含量超过 12%～14%（南方 12%）易使霉菌生长，从而加速、加重以上变化，并可能产生毒素。

（6）仓库害虫可以破坏饲料，他们的排泄物将污染饲料。

因此，在原料进仓时，其水分应控制在 12%～14%以下，仓库结构应当严密，能够隔热、防鼠、通风；仓库启用前用熏蒸消毒、灭虫，储藏饲料后应控制温度、湿度与储藏时间，定期检查。

2. 蛋白质饲料的贮藏

主要是饼粕贮藏。饼粕类由于本身缺乏细胞膜的保护作用，营养物质外露，很容易感染虫、病菌。因此保管时要特别注意防虫、防潮和防霉。入库前可使用磷化铝熏蒸，敌百虫、林丹粉消毒。仓库铺垫也要切实做好，最好用糠壳做垫底材料。垫底要干燥压实，厚度不低于 20cm，同时要严格控制水分，最好在 5% 左右。

3. 配合饲料的贮藏

配合饲料的种类很多，因内容物不一致，贮藏特性也各不相同；料型不同，贮藏特性也有差异。

（1）全价颗粒饲料。因用蒸汽加压处理，能杀死大部分微生物和害虫，而且孔隙度大，含水较低，淀粉糊化把一些维生素包裹，因此，贮藏性能较好。短期内只要防潮，贮藏不易霉变，也不易因受光的影响而使维生素破坏。

（2）全价粉状配合料。大部分是谷类，表面积大，孔隙度小，导热性差，容易吸潮发霉。其中维生素因高温、光照等影响因素而造成损失。因此全价粉状配合料一般不宜久放，贮藏时间最好不要超过两周。

（3）浓缩饲料。蛋白质含量丰富，含各种维生素及微量元素。这种粉状饲料导热性差，易吸潮，因而微生物和害虫易繁殖，维生素易受热、氧化等因素的影响而失效。有条件时，可加入适量抗氧化剂。一般不宜过久贮藏，要不断去陈贮新。

（4）添加剂预混料。主要是由维生素和微量元素组成，有的添加了一些氨基酸、药物或一些载体。这类物质容易受光、热、水汽影响，要注意存放在低温、遮光、干燥的地方，最好加入一些抗氧化剂，贮藏期也不宜过长。维生素添加剂也要用小袋遮光密闭分开包装，在使用时，再与其他预混料成分混合，其效价就不会被影响太大。

第五章　鹌鹑场的选址与构建

第一节　鹌鹑场的场址选择与布局

一、鹌鹑场的场址选择

鹌鹑场的场址选择，必须考虑建筑地点的自然条件、社会条件和鹌鹑的生活习性。自然条件包括地形地势、水源水质、地质土壤、气候因素等。社会条件包括供水、电源、交通、环境、疫情、建筑条件、经济条件和社会风俗等。鹌鹑不同于其他家禽，虽然驯化时间较长，但仍保留了一定的野生生活习性，所以在建场时也应充分考虑这些习性，以期获得最大的经济收益。此外，选址时还要为将来的发展留有空间。只有对上述各项因素做到现场勘测和收集，并通过综合分析，才能为建场的设计和布局规划提供依据。

1. 地势地形

理想的鹌鹑场地势应当是平坦而稍有坡度的平地，向南或东南方向，阳光充足，地势高燥，排水良好。在山区建场应建在坡度不大的半山腰处，不宜建在通风不良和潮湿的山谷深洼地及昼夜温差较大的山顶。要注意地质构成情况，避免断层、滑坡、塌方的地段；也要避开坡度大于 20° 的坡地、谷底以及风口，以免受山洪和暴风雪的袭击。

2. 水源水质

鹌鹑场要求水源充足，水质良好，水源中不能含有病菌和毒物，无异味，清新透明，符合饮用水标准，最好是城市供给的自来水。水的 pH 值不能过酸或过碱，即 pH 值不能低于 4.6，不能高于 8.2，最适宜范围为 6.5 ~ 7.5。硝酸盐浓度不能超过 4.5×10^{-5}，硫酸盐浓度不能超过 2.5×10^{-4}，尤其是水中最易存在的大肠杆菌含量不能超标。

3. 地质土壤

鹌鹑场的土壤应具有一定的卫生条件，应要求过去未被传染病的致病细菌、病毒和寄生虫所污染，透气性和透水性良好，以便保证地面干燥。对于采用机械化装备的鹌鹑场还要求土壤压缩性小而均匀，以承担建筑物和将来使用机械的重量。总之，鹌鹑场的土壤以沙壤和壤土为宜，这样的土壤排水性能良好、隔热，不利于病原菌的繁殖，符合鹌鹑场的卫生要求。

4. 气候条件

主要指与建筑设计有关的和造成鹌鹑场小气候的气候气象资料，如平常气温、绝对最高与绝对最低气温、土壤冻结深度、降水量与积雪深度、日照情况等。

5. 供水、供电及交通

拟建场区附近如有地方自来水公司供水系统，但需要了解水量能否得到保证。大型鹌鹑场最好能自辟深井，修建水塔，采用深层水作为主要供水来源，或者在地方水量不足时作为补充水源。此外，鹌鹑场的生产、生活等污水的排放，都有可能污染到居民用水，在生产过程中要引起足够重视。

鹌鹑养殖场的孵化、养殖、饲料加工等都要求有可靠的供电条件，要了解供电源的位置与场区的距离、最大供电允许量、是

否经常停电。如果供电无保证，则需自备发电机，以保证场内供电的稳定可靠。

鹌鹑胆小，养殖场宜建在城郊，离大城市 20～50km，离居民点和其他家禽场 15km。种鹑场应距离商品鹌鹑场 2km 以上，且附近无水泥厂、钢铁厂、化工厂等产生噪声和化学气味的工厂，这样的场地既安静又卫生。应远离铁路、交通要道、车辆来往频繁的地方，一般要求距主要公路 400m，次要公路 200m 以上，但应交通方便，接近公路，自修公路能直达场内，以便运入原料和产品，且场地最好靠近消费地和饲料来源地。

6. 周边养殖环境

新建鹌鹑场区周边的环境及附近的兽医防疫条件的好坏是影响养殖的关键因素之一，特别注意不要在原有旧禽场上建场或扩建，否则，会给防疫工作带来很大困难，甚至导致失败。对附近的疫情也要做周密的调查研究，特别注意附近的兽医站、畜牧场、屠宰场与拟建场区的距离、方位、有无自然隔离条件等，场址选择要以对本场防疫工作有利为原则。

二、鹌鹑场的布局

鹌鹑场在考虑规划布局时要以有利于防疫、排污和生活为原则。制订鹌鹑场布局主要依据当地全年主风向而定，育雏舍、孵化室建在上风向处，依次为种鹑舍、蛋鹑舍和肉鹑舍。粪便、尸体处理场和污道出口在下风向处。另外，应结合鹌鹑场所处地势，并通过鹌鹑场内各建筑物的合理布局来减少疫病的发生和有效控制疫病。具体包括以下几个方面。

（1）鹌鹑场内生活区和行政区、生产区应严格分开并相隔一定距离，生活区和行政区在风向上与生产区相平行，有条件时，生活区可设置于鹌鹑场之外，否则如果隔离措施不严，会造成将来防疫措施的重大失误，使各种疫病连绵不断地发生，使鹌鹑养殖失败。

（2）生产区是鹌鹑场布局中的主体，应慎重对待，孵化室应和所有的鹑舍相隔一定距离，最好设立于整个鹌鹑场之外，因为孵化室出壳的雏鹌鹑最易受到外界各种细菌、病毒、寄生虫，尤其是来自各鹌鹑场各类病原体的污染，同时孵化室由于各类人员、运输车辆进出比较频繁，孵化室的蛋壳、死鹑、死胎、绒毛等也导致孵化室成为一个潜在的污染源，从而容易污染鹌鹑场的鹑群。

（3）鹌鹑场生产区内，应按规模大小、饲养批次将鹑群分成数个饲养小区，区与区之间应有一定的隔离距离，各类鹑舍之间的距离因以各品种、各代次不同而不同，种鹌鹑舍之间的距离相对来说应相隔远一些，以 60 ～ 80m 为宜，父母代鹌鹑舍之间每栋距离为 40 ～ 60m，商品代鹌鹑舍每栋之间距离为 20 ～ 40m。总之，代次越高，鹑舍间距应越大。每栋鹑舍之间应有隔离措施，如围墙或沙沟等。

（4）鹌鹑场内道路布局应分为清洁道和污道，清洁道和污道不能相互交叉，其走向为孵化室、育雏室、育成舍、成年鹑舍，各舍有入口连接清洁道；污道主要用于运输鹑粪、死鹑及鹑舍内需要外出清洗的脏污设备，其走向也为孵化室、育雏室、育成舍、成年鹑舍，各舍均有出口连接脏污道。清洁道和脏污道不能交叉，以免污染。

（5）生产区内布局还应考虑风向，从上风方向至下风方向按代次应依次安排种鹌鹑、商品鹌鹑，按鹌鹑的生长期应安排育雏舍、育成舍和成年种鹌鹑舍。这样有利于保护重要鹑群的安全。

第二节　鹌鹑舍的种类

我国地处北半球，夏季炎热季节，阳光直射头顶；而到了冬季，太阳向赤道方向（即向南）移动，阳光从南面斜射过来。因此，鹌鹑舍应东西向建设，坐北朝南，这样鹌鹑舍到了冬季，太阳光透过窗户斜射到舍内，可提高舍内温度。到了夏季，太阳光早晨照射到东侧墙，中午照射到屋顶，下午照射西侧墙，而不直接通过窗户直射到舍内，利于舍内降温。南北向建筑的鹌鹑舍正好相反，冬季舍内温度比前一种低，夏季舍内温度比前一种高，对鹌鹑生产不利。鹌鹑场内的鹌鹑舍种类依其生产用途不同分为育雏舍、肉鹌舍、蛋鹑舍、种鹑舍和孵化厅等。

一、育雏舍和肉鹌舍

育雏舍和肉鹌舍的结构特点基本相同。育雏舍是养育从出壳至 20 日龄的雏鹑。由于人工育雏需要保持较稳定的温度，无论采用何种供温方式，室温范围均应保持在 20 ~ 25℃，因此要求育雏舍的保温性能良好，建筑育雏舍时要略低于其他房舍，墙壁要厚，地面干燥，应在房顶加设隔热保温层，如用珍珠岩、泡沫塑料等隔热材料铺设房顶，再加防水材料，屋顶装有天花板以利保温。育雏笼顶与天花板之间应有 1.2 ~ 1.5m 的距离。

育雏舍的窗户要小而少，既便于采光，又利于保温；应设置进风口和排风口，使育雏舍有良好的通风换气性能。同时要求通风良好，但气流不宜过快，既要保持空气新鲜，又不影响育雏温度。进风口应设置在房檐下，进风管有一定的弯度，舍内的进风口处应加设导风板。导风板使进入舍内的凉风先到舍内的顶部预热，再转向鹌鹑所在的部位，防止鹌鹑受凉感冒。

育雏舍便于冲洗和熏蒸消毒。为了便于冲洗消毒，舍内墙壁、顶棚和地面应光滑，不吸水，防水性能良好。为了便于熏蒸消毒，鹑舍应易于密闭，最好能适用火焰消毒方法消毒。

二、蛋鹑舍和种鹑舍

蛋鹑舍和种鹑舍要求有一定的保温性能，采光条件和通风条件良好，设有窗帘，以利于人工控制光照时间，要求房舍略高于育雏舍，其他要求和雏鹑舍基本相同，蛋鹑舍和种鹑舍在北方寒冷地区应设置供温设施，便于冬季供温。同时要设置清粪设备，以便及时清粪不当引起产蛋性能下降。

三、孵化厅

孵化室的总体布局和内部设计是否合理，决定着孵化效果的优劣及初生雏的健康状态。通常要求孵化室与外界隔绝，工作人员及一切用具进入孵化室均应遵循严格的消毒制度，以杜绝外来传染源；孵化室的建筑应有良好的隔热效果以保证室内小气候的稳定；室内要配有良好的通风设备，以保证室内空气流通；另外孵化室还应设有种蛋检验区、熏蒸消毒区、种蛋储存区、孵化区及洗涤区等，各区间要相对隔离互不干扰。从种蛋验收到雏鹑出生离开孵化室，全程只允许循序渐进，不能交叉更不能往返，以防止相互感染。因此各区的设置应遵循以下原则：

（1）种蛋储存区。室温应保持在13℃左右，最好有控温设备，其大小可依据孵化规模大小而定。

（2）熏蒸区。主要用于种蛋入库前和入孵前的气雾消毒，通常设在储蛋区出入口处，要求其门、墙及屋顶的结构要严密，并有排风装置。

（3）种蛋检验与装盘区。与孵化区相邻（小型孵化厂可合二

为一），面积应略宽敞，便于存放蛋盘，以及蛋架车的运转。室内温度保持在18℃左右。

（4）孵化区。孵化区的空间要大一些，除了放置孵化设备以外，还要留有种蛋预热区及工作人员的操作区。室内要保温良好，通风顺畅。

（5）出雏区。可与孵化区设在一起，大型孵化厂可单设出雏区，用以放置出雏设备，其中结构要求基本与孵化区相同。

（6）幼雏存放与雌雄鉴别区。与出雏区相邻，基本要求与孵化区相同（小型孵化厂可不设此区）。

（7）照检区和洗涤区。设在孵化区和出雏区内，特别是洗涤区应分设两处，分别洗涤蛋盘和出雏盘，以防止交叉感染。

第三节　鹌鹑养殖设备

一、成鹑笼设备

成鹑笼又分为种鹑笼和产蛋鹑笼两种，可分为重叠式、全阶梯式、半阶梯式和整箱式、拼箱式几类，一般多采用4～6层阶梯式结构。

1. 种鹑笼

阶梯式结构最底层距地面40cm。鹑笼为单元结构，每单元放2只公鹑，5～6只母鹑。每层前后宽60cm、长100cm、中高24cm，两侧高各为28cm。笼壁栅条间距2.5cm，底网网眼20mm×20mm或20mm×15mm。笼底向两侧倾斜（7°）的铁丝网要向笼框前延伸5cm，并将延出的丝网做成卷状成为集蛋槽，以便种蛋的拾取。笼前挂食槽与水槽。

2. 单体笼

长方体框架，该长方体框架包括 4 个立杆、多个长横杆和多个短横杆，长方体框架长度方向的两个立杆之间设有多个长横杆，长方体框架宽度方向的两个立杆之间设有多个短横杆，相邻的长横杆之间以及相邻的短横杆之间各分别设置有多个竖筋，每两个水平并列设置的长横杆之间设置有多个水平筋，由 4 个立杆、多个长横杆、多个短横杆、多个竖筋和多个水平筋组合构成一个多层网笼体，此笼具还包括多个隔网，每个单笼体的前端面设置有一个笼门适用于单个鹌鹑生产性能的评定。

母鹌鹑笼和配种笼，母鹌鹑笼和配种笼都为长方体网状笼，母鹌鹑笼的尺寸为 0.12m×0.16m×0.16m（长 × 宽 × 高），配种笼的尺寸为 0.24m×0.16m×0.16m（长 × 宽 × 高）。母鹌鹑笼和配种笼前部都设置有可开启的笼门，配种笼的容积大于母鹌鹑笼的容积，多个母鹌鹑笼和一个配种笼并排连接成一体。由于配种笼的容积大于母鹌鹑笼的容积，多个母鹌鹑笼和一个配种笼并排连接成一体，养殖时，多个母鹌鹑分别养殖在多个母鹌鹑笼中，一个配种的公鹌鹑养殖在配种笼中。当需要配种时，分别将母鹌鹑从其笼中捉出放进配种笼中，待其与公鹌鹑配种完成后再捉出放回其笼中，这样每个母鹌鹑所产的蛋都能找出其父母，方便配种鹌鹑的个体观测跟踪，方便记录种鹌鹑个体产蛋性能和繁殖性能，有利于鹌鹑的新品种的选育。

单体笼还有一个支架，多个鹌鹑配种跟踪评定笼具在高度方向叠加或呈阶梯形安装在支架上。母鹌鹑笼和配种笼前部下方设置有料槽支撑。料槽支撑的作用是放置料槽和鹌鹑喝水用的饮具。母鹌鹑笼和配种笼由镀锌钢丝制成，底网要向笼框前延伸 5cm，并将延出的丝网做成卷状成为集蛋槽，以便种蛋的拾取。镀锌钢丝制成的笼具经久耐用，具有很强的抗腐蚀功能（图 5-1、图 5-2）。

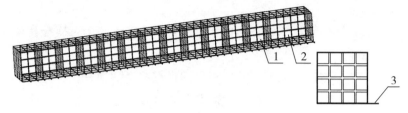

图 5-1　单体笼结构示意图

1. 母鹌鹑笼；2. 配种笼 2；3. 料槽支撑

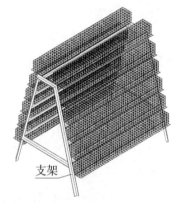

支架

图 5-2　单体笼阶梯形安装的结构示意图

3. 产蛋鹑笼

专供饲养生产食用蛋鹑的笼。每组笼具的尺寸长、宽、高分别为 1.00m、0.50m、1.74m，包括 6 层，每层有 1 个体积相同的单笼（单笼尺寸长 × 宽 × 高为 1.00m × 0.50m × 0.20m）组成，每个单笼前部都设置有可开启的笼门（笼门尺寸宽 × 高为 0.30m × 0.15m）。每两层之间有 5cm 的间隙，在每层底网下均设有承粪板。每个单笼包括由立柱和横梁构成的骨架，立柱和横梁之间用电焊焊接，在骨架上通过扎结件连接有后网、侧网、底网和前网，在前网设有可开启的笼门，笼门的宽 0.30m，高 0.15m。后网、侧网、底网和前网为镀锌钢丝网。底网要向笼框前延伸 5cm，并将延出的丝网做成卷状成为集蛋槽，以便种蛋的拾取。前部下方设置有料槽支撑。料槽支撑的作用是放置料槽和鹌鹑喝水用的饮具（图5-3）。

图5-3　产蛋鹑笼示意图

二、孵化设备

孵鹌鹑可用孵鸡的孵化器，孵化条件和设备与鸡基本相同，只是蛋盘的规格不同。

1. 孵化机类型

孵化机的类型多种多样。按供热方式可分为电热式、水电热式、水热式等；按箱体结构可分为箱式（有拼装式和整装式两种）和巷道式；按放蛋层次可分为平面式和立体式；按通风方式可分为自然通风式和强力通风式。孵化机类型的选择主要应根据生产条件来决定，在电源充足稳定的地区以选择电热箱式或巷道式孵化机为最理想。拼装式、箱式孵化机安装拆卸方便；整装箱式孵化机箱体牢固，保温性能较好；巷道式孵化机孵化量大，多为大型孵化厂采用。

（1）孵化机的容量。应根据孵化厂的生产规模来选择孵化机

的型号和规格，当前国内外孵化机制造厂商均有系列产品。每台孵化机的容蛋量从数千枚到数万枚，巷道式孵化机可达到6万枚以上。

（2）孵化机的结构及性能。综合孵化设备现状来看，国内外生产的孵化器的结构基本大同小异，箱体一般都选用彩塑钢或玻璃钢板为里外板，中间用泡沫夹层保温，再用专用铝型材组合连接，箱体内部采用大直径混流式风扇对孵化设备内的温度、湿度进行调节，装蛋架均用角铁焊接固定后，利用蜗轮蜗杆型减速机驱动传动，翻蛋动作缓慢平稳无颤抖，配选鹑蛋的专用蛋盘，装蛋后一层一层地放入装蛋铁架，根据操作人员设定的技术参数，使孵化设备具备了自动恒温、自动控湿、自动翻蛋与合理通风换气的全套自动功能，保证了受精禽蛋的孵化出雏率。

目前，优良的孵化设备当数模糊电脑控制系统了，它的主要特点：温度、湿度、风门联控，减少了温度波动，合理的负压进气、正压排气方式，使进风口形成负压，吸入新鲜空气，经加热后均匀搅拌吹入孵化蛋区，最后由出气口排出。孵化室环境温度偏高时，冷却系统会自动打开，实施风冷，风门也会自动开到最大，加快空气的交换。全新的加热控制方式，能根据环境温度、机器散热和胚胎发育周期自动调节加热功率，既节能又控温精确。有两套控温系统，第一套系统工作时，第二套系统监视第一套系统，一旦出现超温现象，第二套系统自动切断加热信号，并发出声光报警，提高了设备的可靠性。第二套控温系统能独立控制加温工作。该系统还特加了加热补偿功能，最大限度地保证了温度的稳定。加热、加湿、冷却、翻蛋、风门、风机均有指示灯进行工作状态指示；高低温、高低湿、风门故障、翻蛋故障、风扇断带停转、电源停电、缺相、电流过载等均可以不同的声讯报警；面板设计简单明了，操作使用方便。

（3）孵化机自控系统。有模拟分立元件控制系统，集成电路控制系统和电脑控制系统三种。集成电路控制系统可预设温度和湿度，并能自动跟踪设定数据。电脑控制系统可单机编制多套孵化程序，也可建立中心控制系统，一个中心控制系统可控制数十台以上的孵化单机。孵化机可以数字显示温度、湿度、翻蛋次数和孵化天数，并设有超高、低温报警系统，还能自动切断电源。

（4）孵化机技术指标。孵化机的技术指标的精度不应低于一定的标准。温度显示精度 0.1 ~ 0.01℃，控温精度 0.2 ~ 0.1℃，箱内温度场标准差 0.2 ~ 0.1℃。

（5）出雏器。与孵化机相同。如采用分批入孵、分批出雏制，一般出雏机的容蛋量按 1/4 ~ 1/3 与孵化机配套。

2. 挑选

养殖场和专业户在选购孵化器时，应考虑以下几个方面：孵化率的高低是衡量设备好坏的最主要指标，也是许多孵化场不惜重金更换先进孵化设备的主要原因。机内的温度场应该均匀，没有温度死角，否则会降低出雏率；控温精度，汉显智能要好于模糊电脑，模糊电脑要好于集成电路；机器使用成本，如电费及维修保养费用等；电路设计要合理，有完善的老化检测设备；整机装完后应老化试验一段时间，检测后才能出厂使用；厂家售后服务好。一是服务的速度快；二是服务的长期性。应尽可能选择规模较大、发展势头好、能提供长期服务的厂家。使用寿命长，使用寿命主要取决于材料的材质、用料的厚薄及电器元件的质量，选购时应详加比较。

三、育雏设备

育雏器主要供 0 ~ 3 周龄的雏鹌使用，刚出壳的雏鹌对外界

条件抵抗力差,要求一定温度,做到既不过冷也不过热。育雏设备式样和种类较多,主要包括取暖设备、给水、给料和采光的设备。育雏器有多种形式,有简单的,也有技术较先进的。

1. 育雏保姆伞

适用于家庭育雏,家庭育雏一般每次育雏的数量较少,可以根据每次育雏数量制作简单实用的保姆伞来育雏。保姆伞可以就地取材,使用木方做骨架,然后用胶合板或纤维板做顶和侧壁,前边装上铁窗纱,并开设活动小门,门也可以用铁纱做成,用 0.5cm × 0.5cm 的铁纱做底网,下边装有用铁皮或胶合板、纤维板做的承粪盘。

初生雏活泼好动,在门的内侧可增加一条 5cm 宽的活动挡板(用合页固定),以防止幼雏在开门时跳出。保姆伞的顶部安装 1 ~ 2 只白炽灯泡,供雏鹑照明和保温。保姆伞的大小一般可根据制作材料的规格和育雏室的大小来确定。通常长 1m,宽 0.6m,高 0.25 ~ 0.3m,脚高 20cm 的保姆伞可饲养 1 ~ 20 日龄雏鹑 100 只左右。

采用保姆伞育雏,能根据雏鹑的生长需要随时调整和控制温度,前面装的铁纱能够供给雏鹑新鲜空气,周围严密的结构使保姆伞内温度均匀,能避免冷风直接吹入,以获得较高的育雏率。在农村也可利用包装用的大的瓦楞纸板箱来代替育雏箱,由于结构简单,经济实用,在家庭育雏中被普遍运用。

2. 育雏箱

(1)小型育雏箱。规格一般为 100cm × 50cm × 30cm,可用木条和金属网制成,可以自己制作。里面装灯泡,供鹌鹑活动,也可喂料、饮水。箱底应铺上柔软麻袋布、粗棉布,但不能铺光滑的材料。小型育雏箱一般容纳雏鹑 50 ~ 100 只。

（2）中型育雏箱（笼）。是一种容纳 100 ~ 200 只雏鹑的育雏箱，其热源为红外线灯泡。

（3）立体式育雏笼：立体式育雏笼每层均以红外线灯泡供温，一般为 4 ~ 5 叠层，每层规格为 95cm×50cm×25cm，每层下面留 10cm 空间，放置承接粪板，用白铁皮、铝皮或夹板制成，每层容纳雏鹑 150 ~ 200 只。笼门位于正面，顶、底可用网眼为 1mm×10mm 的金属纱网，侧面可用 10mm×15mm 的金属纱网。每层安装 40W 或 60W 的灯泡 2 只，用来保温和照明。

四、育雏保温设备

大多数与鸡的育雏保温设备和用具相似，鹌鹑场鹑舍的供温设施包括火炉、热风炉、火道、暖气片、地热、天然气炉、红外线育雏器、育雏伞、红外线灯等。

1. 水暖风暖两用热风炉加热

由主机、辅机、微电脑控制器及循环水泵等共同组成的养殖调温设备（图 5-4），具有冬季加温、夏季降温的双重功效，热效率高，热风量大，热利用率 95% 以上，比一般采暖器要高出 30% 以上，通过以风机为媒介代替了普通采暖器的自然散热为强制散热，从根本上解决了单纯用水暖升温慢地弊病；冬季接入热水组成暖风机，夏季接入冷水组成冷风机，降温 5 ~ 8℃。大部分的热量是通过水来传导的，水能够蕴藏较多的热量，慢慢地散发出来，使室内的温度升降都比较均匀，不会出现纯暖风炉送风机一停温度就急剧下降的情况。

图 5-4 水暖风暖两用热风炉

以水为介质进行热的传递，彻底解决了传统纯风暖热风机吹出热风吸收空气中水分的问题，极大地节省了能源，在当今能源价格不断上涨的时候，为客户节约了大量的资金，有良好的经济效益。

2. 地面无烟管道供暖

地面无烟管道系统总体结构可分灶头、烟道与烟囱三部分，总长度为 5 卡左右（约 20m 长），整条烟道从截面上看呈"n"形，内部中空部分高 360mm，宽 180mm，顶部用 60mm 砖架拱（图 5-5）。

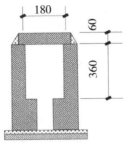

图 5-5　地面无烟管道系统（单位：mm）

烟囱部分，外尺寸为 300mm×300mm，采用 60mm 砖墙，烟囱高度会影响到拉风的效果。如果太高，拉风快，煤就烧得快，如果太低，拉风较慢，煤就燃烧不起来，起温不快。一般伸出鹑舍屋顶 240mm 即可，高度较矮的鹑舍可适当增加烟囱高度。

烟道从离灶头 2m 处至烟囱部分，两侧采用 60mm 砖墙，在靠地面处用砖与砂浆砌成 120mm 墙宽、0 ~ 180mm 高的自然平滑过渡坡度。在靠近烟囱 2.3m 部分，底部需增加斜度，前后高度相差 280mm，用水泥砂浆填充（图 5-6）。

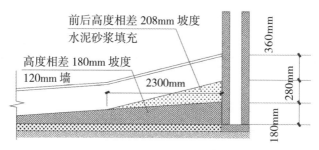

图 5-6　烟囱剖面示意图

烟道靠近灶头 2m 处部分，两侧采用 120mm 砖墙，底部是平滑过渡的水泥砂浆坡度，前后高度相差 370mm，坡度尾部与鹑舍地面持平（图 5-7）。

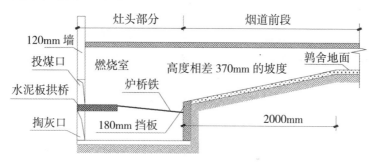

图 5-7　灶头和烟道部分示意图

灶头部分需沉下地面，结构可分为上、下两层，上层为燃烧室，下层为进风口与掏灰口，中间用炉桥铁与水泥板拱桥隔开。灶头深度为 1.1m，上层燃烧室的投煤口大小为 250mm×250mm，采用 120mm 砖墙与外面隔开。投煤口底部为高 50mm、宽 400mm、长 700mm 的水泥拱桥，拱桥后紧接炉桥铁，炉桥铁为由 φ14 焊接成宽 280mm、长 700mm、中间间隔 40mm 的铁网。炉桥铁安装成一定斜度，前高后低，高度相差 100mm，以方便燃烧完的煤往里掉，在炉桥铁尾部有一高度为 180mm 的挡板，是燃煤在灶头燃烧

位置的界限。燃烧室宽度亦 250mm，内部为中空结构，直通烟道。灶头下部分掏灰口整体形状呈梯形，上部与投煤口相连，宽度为 250mm，下部分宽度为 420mm，高度至少 500mm。灶头两侧地面以下部分采用 240mm 砖墙，地面以上部分采用 120mm 砖墙。灶头外部需留不少于长 1m、宽 0.8m 的空间以方便站人下去烧灶、掏灰。炉灶在屋内的灶头上方的可以垒起高度 70 ~ 90cm 的砖块，避免灶头温度过高致使屋中屋的薄膜下放时烫坏或者着火（图 5-8、图 5-9）。

使用方法：地面烟道可以选择烟煤、木柴、垫料等一切可以燃烧的物质。主要是根据当地不同燃料的价格、所需的燃烧值来选定燃料。使用时，先在地灶中架半满灶木柴，从炉桥下面点燃木柴，让木柴火充满半灶以上底火，再把有烟煤加上去，有烟煤加到半满，让灶桥上燃煤全面燃满时，再把煤加足一灶，这样底火足，以后燃过半灶煤，还剩半灶时又加满，让灶内底火一直足够。这样不需要太多热量就能升到需要室温时，可盖湿煤压住火（千万不要用水直接浇到火上），缓慢燃烧，保住底火不熄，当需要旺火时勾动压火的煤层就能迅速燃大火。烟煤可以采用体积较大的片煤和粉煤（粉煤可以加黄土、水搅拌成泥状）混合使用（这样成本更低）。养户在使用过程中可以把大块的烟煤放下层，上层用粉煤和泥土混合物覆盖，这样不仅避免碎小的烟煤容易从炉膛掉落浪费，并且减小燃烧面积，能延长燃烧时间。在中大鹑阶段只需提高十几摄氏度室温就能满足肉鹑生长需要的情况下，只需保留灶中火种加少量的烟煤即可。

地面烟道在使用过程中一定要做好密封工作，尤其是靠近烟囱部分的密封工作应引起高度重视，密封不严，热气容易外漏，可购买 4m 宽的薄膜搭建"屋中屋"进行密封，减少薄膜与薄膜间过多的衔接处造成的热量外漏。

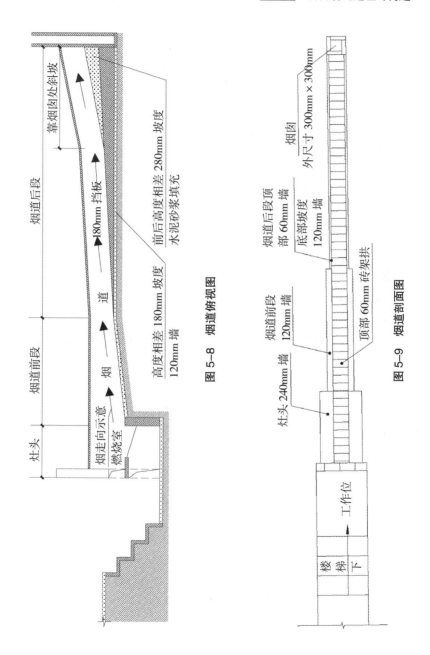

图 5-8 烟道俯视图

图 5-9 烟道剖面图

3. 电热式保温器加热

各种类型育雏伞外形相同，都为伞状结构，热源大多在伞中心，仅热源和外壳材料不同，具体可据当地实际择优选用。一般常选用由电力供暖的电热育雏伞，伞内温度可自动控制，管理方便，电源稳定地区使用较好。伞罩有方形、多角形和圆形，伞罩上部小，直径约30cm，下部大，直径100～120cm，高约70cm。伞罩外壳用铁皮、铝合金或纤维木板制成双层夹层填充玻璃纤维等保温材料，有的也用布料作外壳，仅在其内层涂一层保温材料，这样伞具就可折叠。伞罩下缘安装一圈电热丝，电热丝外加防护铁网以防触电，也有的在内侧顶端安装电热丝或远红外加热器，并与自动控温装置相连。伞下缘每10cm钉上厚布条。每个电热育雏伞悬挂或置于地面，可供250～300只幼雏保温。

4. 红外线灯加热

在室内直接使用红外线灯泡加热。常用的红外线灯每只250～500W，悬挂在距离地面40～60cm高处，并可根据育雏需要的实际温度来调节灯泡的悬挂高度。一般每只红外线灯可保温雏鹌200～250只。红外灯发热量高，不仅可以取暖，还可杀菌。加温时温度稳定，室内垫料干燥，管理方便，不足之处是耗电量大，灯泡易损坏，成本较高，供电不稳定地区不宜使用。

五、其他用具

1. 食槽和水槽

饲养鹌鹑必须配置充足的食槽和饮水器，否则，由于鹌鹑采食不均，强弱悬殊会愈来愈大，成活率及饲养效益也随之下降。根据鹌鹑的生长发育，食槽和水槽均可分为育雏阶段及成鹑阶段两种规格。

育雏阶段的食槽和水槽：在育雏期间所用的食槽和水槽都要

不断地放入和拿出育雏器，因此在设计上必须灵巧耐用，易换水换料，又便于冲洗消毒。

食槽：1～3日龄在育雏笼底网是上铺报纸、塑料布，然后在上面喂料，4日龄以后改为料槽喂料，食槽可用白铁皮、铝板、塑料板等制作，大小为42cm×6cm×4cm的长方体形槽体，在食槽开口处铺设大小与槽体开口相当的网状槽盖网，槽盖网的网格为1cm×1cm的正方形。在食槽上设置盖网，有效地防止雏鹑采食时的沙浴扒料行为，避免了雏鹑钩食甩头造成的饲料浪费。

水槽：饮水用最好采用自动饮水器，也可用一个罐头瓶，将瓶口钳上一个约1cm深的缺口，将水装入瓶中，瓶口上倒盖一个碟子，然后将瓶及碟子一齐翻过来，这样碟子里总保持着深1cm左右的水，直到瓶子里的水全部饮完。要注意碟子的深度必须高于瓶子缺口的高度，否则水会溢出盘外。水不易过深，便于鹌鹑饮用即可。碟子的直径大于瓶口直径3cm～4cm，不易过大，以免雏鹑进入。在条件允许的情况下应使用自动饮水器，不仅可以避免淹死雏鹑，而且可以长期保持饮水清洁。

2. 捕罩

鹌鹑具有野性，不易捕捉，若用手捕捉容易致伤，因此，最好用捕罩捕捉。捕罩可用尼龙线编织而成，一端封口为兜底，另一端用10号或8号铁丝围成30～50cm的口径，并绑在竹竿末端即可。

3. 鹌鹑场的消毒设施

鹌鹑场的鹌鹑舍、孵化厅、蛋库、用具和工作服都要定期严格消毒。常用设施包括消毒池、消毒室、喷雾器和高压清洗机。

4. 鹌鹑防疫用具

鹌鹑接种疫苗使用的用具有液氮罐、冰箱、连续注射器、玻璃注射器、刺种针、滴管、滴瓶、疫苗专用喷雾器和高压消毒锅等。

手术盘、钳子、镊子、剪刀也是常用工具。

5. 鹌鹑生产中需要的清粪设施

生产中应用的清粪设施有粪车、自动清粪机、粪盘等。粪盘适合于重叠式笼养鹑舍，自动清粪机适合于阶梯笼养鹑舍。清粪机有牵拉式和传送带式两种。最常用的是牵引式刮粪机（由刮粪板、电动机、导向轮和牵拉刮粪板的钢丝绳组成）。这种清粪机的钢丝绳易被鹑粪腐蚀，在牵拉时易断裂，因此，近几年来有人研制出了一种与推土机原理相似的清粪机。这种清粪机由电机和四轮推粪铲车组成。电动机转动带动变速器、减慢转速，再带动推粪铲车将粪推到鹑舍出粪口后自动返回。

第六章　鹌鹑饲养管理

通常情况下，按照鹌鹑的生长发育及产蛋情况，可以把鹌鹑生长、生产阶段划分为育雏期、育成期和产蛋期三个阶段。

1～40日龄为育雏期、育成期，这一时期是生长发育旺盛期，各器官基本发育成熟。其中1～20日龄为育雏期，这一时期雏鹑在育雏箱（笼）内饲养。21～40日龄为育成期，这一时期鹌鹑（也称仔鹑）虽然还没有开产，但生长发育最为迅速。到40日龄以后，鹌鹑（也称成鹑）就进入了产蛋期，这一时期鹌鹑虽然已经开产，但不同日龄的鹌鹑，生产性能又有很大的差距，因此又分为3个时期。①产蛋前期：41～60日龄，产蛋率0～80%；②产蛋高峰期：61～240日龄，产蛋率85%～95%；③产蛋后期：241日龄以后，产蛋率降至80%以下。因此，应根据鹌鹑的各个不同时期，采取不同的管理措施。

第一节　鹌鹑育雏技术

刚出壳的雏鹑个体小（初生重7～8g），绒毛短稀，体温较低，体温调节功能较弱，既怕冷，又怕热，嗉囊和肌胃容积很小，贮存食物很少，消化功能差，视力差，非常胆怯，对外界环境的微小变化非常敏感。

一、育雏方式

对于家庭少量饲养可以采用简易育雏箱、小型育雏箱，对于专业化饲养可采用中型育雏箱（笼）、立体式育雏笼。另外，也可用地面平养和网上平养的方式。

1. 地面平养

地面平养就是在铺有垫料的地面上饲养雏鹑，是目前中小型养殖场和农村专业户普遍采用的方式。

地面平养的育雏房要有适宜的地面，最好是水泥地面，兼有良好的排水性能，以利于清洁卫生。育雏室用纤维板或砖分隔成小间。在育雏室阴面一边留宽 1.2m 的走廊，顶部设置保温隔热板。墙脚离地 30cm 左右，阳面墙的顶部开有窗口便于通风，窗的大小为 30cm×20cm。每间设一个伞形或斗形保温器，或用红外线灯泡作热源。地面垫上稻草、锯末和短草作垫料。保温器周围或红外灯下适当范围，围上 40～60cm 高的围栏，并且每 3 天扩大一次范围。2 周后将围栏撤走，雏鹑在育雏室内散养。21 日龄转入育成鹌鹑笼饲养。

保温器育雏，食槽和饮水器应安放在保温器外边的适当位置；红外线灯泡取暖育雏，食槽和饮水器都不要安置在灯泡下。1 周龄内的雏鹑将饲料撒在垫纸上饲喂，满 1 周龄改用食槽，每个长 60cm 的食槽可供 80 只雏鹑使用。饮水的供应采用圆形塔式饮水器，每个 3L 饮水器可供 50 只雏鹑饮水用。

垫料必须是新鲜、没有发霉的，清洁而干燥，麦秸、稻草需铡成 5～10cm 长。

2. 网上平养

网上平养即在离地面 50cm 高处，架上铁丝网，把雏鹑饲养在网上。

网上平养是鹌鹑育雏较好的方式，其排泄物可以直接落入网下，雏鹑基本上不与粪便接触，从而减少与病原的接触，减少再感染的机会，尤其是对防止球虫病和肠胃病有明显的效果。

小型养殖场及农村专业户，一般可采用小床网育。网床由底网、围网和床架组成。网床的大小，可以根据育雏舍的面积及网床的安排来设计，一般长为 1.6 ~ 2m，宽 0.6 ~ 0.8m，床距地面的高度为 50cm。床架可用三角铁、木、竹等制成。床底网可根据日龄不同，而采用不同的网目规格，0 ~ 20 日龄用 0.5cm×0.5cm 网目，21 日龄后用 1cm×1cm 网目。床底网最好采用塑料网，这是防止幼雏足踝受伤的必要措施。网床的四周应加围网，围网的高度为 40 ~ 50cm（底网以上的高度）。

采用网上平养，要求育雏室内温度能满足雏鹌鹑的需要。育雏室内温度可通过地下烟道、暖气、煤炉、电炉及红外灯等取暖设备供热来实现。

3. 笼养

鹌鹑笼养优于地面平养与网上平养，能将雏鹌鹑分成小群，各小群饲养在不同的育雏笼内，相对独立，可以防止大群鹌鹑群内打斗及四处飞翔等不利于管理的现象发生。鹌鹑的笼养有利于实现标准化规模养殖，配套现代的热风取暖设备、自动供水系统等设施，能大幅度提高生产效益。

单个鹌鹑育雏笼由后网、侧网、底网和前网组成，材质为镀锌钢丝网，在前网设有可开启的笼门，各单笼的规格为长 0.5m 左右，宽 0.4m 左右，高 0.2m 左右，具体尺寸大小可以根据各养殖户的生产需要适当调整。生产中，鹌鹑育雏笼具包含多个长方体网状单笼，每个单笼由立柱和横梁构成的骨架连接，立柱和横梁之间用电焊焊接，在骨架上通过扎结件连接，形成层叠组笼，每层底网下设有承粪板，有利于各层鹌鹑粪收集和清除，为雏鹌鹑提供良好的

生活环境。

二、育雏前的准备

育雏前的准备工作关系到鹌鹑生产的成败，因此要认真做好准备工作。育雏前的准备工作包括鹑舍的清理、冲洗和维修，养鹑舍的消毒、笼具准备，喂料、饮水用具准备，供温系统的调试与维修，药物、疫苗、工具的准备等。

1. 拟定育雏计划

明确每批育雏的数量，并结合实际情况确定育雏方式，然后根据育雏数量和育雏方式提出需用育雏舍面积、保温设备和其他育雏设备的规格和数量，并根据育雏数量和育雏时间准备饲料、垫料和药物等易耗物质。正式育雏前还要制订免疫计划、育雏管理的具体操作规程，并明确专人负责。

2. 育雏用品的准备

（1）育雏舍的清扫、冲洗、维修。首先将育雏舍内清扫干净，然后用高压水龙头或清洗机冲洗，冲洗的顺序是舍顶、墙壁、地面、下水道。对排风口、进风口、门窗进行维修，以防止老鼠及其他动物进入鹑舍带入传染病。

（2）育雏笼、保温箱的清扫、清洗和维修。首先将笼网上面清理干净，然后用水和刷子冲刷干净。承粪板清洗干净后要浸泡消毒。垫布也应清洗浸泡，暴晒消毒后备用。最后维修损坏或不合格的笼网。此外，还要清洗消毒料盘、料桶、料槽、饮水器、水槽等饲养用具。

（3）检查调整电路、通风系统和供温系统。打开电灯、电热装置和风机等，检查运转是否良好，如果发现异常情况则应检查维修，防止雏鹑进舍后发生意外，认真检查供电线路的接头，防止接头漏电和电线缠绕交叉发生短路引起火灾。

（4）保温设备。无论采用什么热源，都必须事先检修好，进雏前经过试温，确保无任何故障。如有专门通风、清粪装置及控制系统，也都要事先检修。

（5）将饮水器和料槽放入雏鹑舍内相应位置。

（6）饲料准备。雏鹑用全价配合饲料，自己配合饲料要注意原料无污染、不霉变。最好现用现配，一次配料不超过3天用量。

（7）垫料的准备。垫料要求干燥、清洁、柔软、吸水性强、灰尘少，使用前需在太阳底下进行日晒消毒，要注意不断翻动，以便彻底消毒。可选用刨花、锯末、谷壳、稻草等作为垫料。

（8）燃料。燃煤、干柴、谷壳、锯末等燃料可灵活选择，以成本低、升温效果好、易操作考虑，所需燃料要按计划的需要量提前备足。

（9）药品及添加剂。为了预防雏鹑发生疾病，适当地准备一些药物是必要的。消毒药如煤酚皂、紫药水、新洁尔灭、烧碱、生石灰、汽油、高锰酸钾、甲醛等。用以防治白痢病、球虫病的药物如呋喃唑酮、球痢灵、氯苯肌、土霉素、恩诺沙星、诺氟沙星等。添加剂有速溶多维、电解多维、口服补液盐、维生素C和葡萄糖等。

（10）疫苗。主要有新城疫疫苗、传染性法氏囊病疫苗、传染性支气管炎疫苗和禽流感疫苗等。

（11）其他用品。包括各种记录表格、温度计、连续注射器、滴管、台秤和喷雾器等。

3. 消毒

无论是新建房舍还是原来利用过的建筑，在利用之前都必须经过严格的清洗和消毒。

（1）周围环境。清除雏鹑舍周围环境的杂物，然后用火碱水喷洒地面，或者用白石灰撒在鹑舍周围。

（2）熏蒸消毒。将育雏舍卫生做好，并摆好育雏用品，然后用透明胶布密闭所有门缝，用高锰酸钾和福尔马林熏蒸，用量是高锰酸钾 15g/m³，福尔马林 30ml/m³，熏蒸 24 ~ 48 小时以上。

4. 育雏舍的试温和预热

雏鹑进舍前 24 小时必须对鹑舍进行升温，尤其是寒冷季节，温度升高比较慢，育雏舍的预热升温时间更要提前。在秋冬季节，墙壁、地面的温度较低，因此必须提前 2 ~ 3 天开始预热育雏舍，只有当墙壁、地面的温度也升到一定程度之后，舍内才能维持稳定的温度。

试温时温度计放置的位置：

（1）笼养方式应放在最上层和第三层之间。

（2）平面育雏应放置在与雏鹑背部相平的位置。

（3）带保温箱的育雏笼在保温箱内外都应放置温度计观察测试。

三、育雏条件

1. 温度

雏鹑体温调节功能不完善，对外界环境适应能力差，同时，幼雏个体很小，相对体表面积较大，散热量较成鹑多，因此雏鹑对温度非常敏感。特别是出壳后最初的 3 天内，必须做好保温工作。

育雏时在头 3 天内中心温度应达 38 ~ 40℃，在第一周内逐渐降至 35 ~ 37℃，第二周为 29 ~ 32℃，第三周为 25 ~ 28℃。育雏器内温度和室温相同时，即可脱温，但最低不得低于 24℃。

温度掌握得是否合适，不仅依靠温度计，更重要的是观察幼雏活动、休息和吃食状况，再调整温度。温度适宜，幼雏吃饱后均匀而安静地在热源周围活动，或伸腿、伸腰，静卧休息，睡得分散，不挤压而且安稳，不大声叫，或者有规律地吃食和饮水；

温度过低时，幼雏就会集中在热源附近，互相拥挤、聚堆，并发出吱吱叫声；温度过高时，幼雏远离热源，躲在育雏器的四周，严重时张嘴呼吸，抢水喝，饮水量大增。

在饲养管理过程中，温度不能忽高忽低，温差悬殊，冷热不均，易发生疾病或死亡。温度过高时，幼雏代谢受到阻碍，食欲减退，大量消耗体内水分，引起生理功能上的失调，发育迟缓，体质软弱，同时易患感冒和呼吸器官疾病，或出现啄羽、啄肛等恶癖；温度过低时，幼雏受凉，易发生呼吸道疾病，拉稀或诱发白痢等病，怕冷而紧紧压在一起。

育雏温度要根据情况灵活掌握，一般小雏宜高、大雏宜低，小群宜高、大群宜低，早春宜高、晚春宜低，阴天宜高、晴天宜低，夜间宜高、白天宜低。雏鹌的保温时间，应根据具体情况决定，一般来说，春、秋育雏保温14天左右即可，夏季保温4～5天即可，冬季保温20天。

2. 通风与湿度

通风的目的是排出舍内有害气体，换新鲜空气，只要育雏室温度能保证，空气越流通越好。雏鹌从第3天起，通风很重要。随着幼雏的长大，呼吸量也相应增大，在中午暖和的时候，适当打开门窗换气。在寒冷季节，可采用安装纱布气窗或罩布帘等办法，一定要注意不能让冷空气直接吹到雏鹌身上，以免伤风感冒。

育雏的前期（1周龄），相对湿度保持在60%～65%，以人不感到干燥为宜。育雏中期（2周龄）由于体温增加，呼吸量及排粪量增加，育雏室内容易潮湿，因而要及时清除粪便，相对湿度以55%～60%为宜。育雏后期（2周以后）保持55%的相对湿度。

3. 密度

合理的饲养密度有利于鹌鹑生长发育，减少疾病和啄肛、啄羽的发生，提高雏鹌的成活率。应根据鹌鹑地域、季节、日龄和

温度等情况，合理安排密度。一般情况下，在同样饲养面积内，冬天可密一些，夏季疏一些；日龄小可密一些，日龄大可疏一些。一般人工饲养的密度可参考表6-1。

表6-1　鹌鹑饲养密度

雏鹌鹑日龄	密度 / 只·m^{-2}
1 ~ 7	180 ~ 200
8 ~ 14	160 ~ 180
15 ~ 20	140 ~ 160

4. 光照

在育雏阶段，除接受自然光照外，还应补充人工光照。雏鹑的光照，一般1 ~ 5日龄每天可光照24小时，6 ~ 10日龄可渐减至20 ~ 22小时，16日龄起采取14小时光照，10小时黑暗。光照强度，一般以每平方米4W为宜。不同波长、颜色的光对雌鹌鹑的性成熟有较大影响，据报道，雏鹌鹑在红光下饲养比在绿光或蓝光下早半个月开产，并能保持较高的产蛋率，因此前期用白色灯泡，后期可换红色灯泡。

5. 做好育雏期记录

诸如进雏日期、品种名称、进雏数量、温度变化、发病死亡淘汰数量及原因、喂料量、免疫状况、体重、日常管理等内容都应做好记录，以便于总结经验，查找原因，分析育雏效果。

四、雏鹌鹑选择与运输

1. 雏鹌鹑的选择

雏鹌鹑必须购自健康高产的父母代种鹌鹑生产的商品鹌鹑，种鹑无白痢病、无霉形体病，种蛋大小符合标准。由于种鹌鹑的健康、营养和遗传等先天因素的影响以及种蛋孵化、长途运输、出壳时间过长等后天因素的影响，初生雏中常出现弱雏、畸形雏和残次雏等不合格雏鹌鹑，因此，选择健康雏鹌鹑是育雏成功的首要工作。应选择按时出壳、反应灵敏、精神饱满、眼睛有神、绒毛丰满洁净、脐部吸收良好、腹部大小适中富有弹性、两腿挣扎有力、体重适宜的雏鹌鹑，用手抓握雏鹌鹑，四指感到雏鹌鹑挣扎有力的为健康雏。选择时，用手轻拍运雏盒或拍掌发出声音，雏鹌鹑抬头向发出声音的方向看或奔跑、眼睛圆睁、站立者为健康雏鹌鹑；卧地不动，没有反应，腹部过大或过小，绒毛黏着的为弱雏。应淘汰出壳过早过晚、脐部愈合不良、胫干枯无光泽、瘫痪、软弱无力、喙畸形、瘸腿、瞎眼、无肛等畸形雏和残次雏。

2. 雏鹌鹑的运输

初生雏在运输时可用纸箱或泡沫保温箱包装。在装雏前应视天气及雏龄的大小，在箱体四周打一些孔洞。装箱时应在箱底铺一层厚质草纸，既可防滑，又可吸收胎粪中的水分（每平方米面积可装雏鹑150～200只）。鹌鹑对温度特别敏感，运输时，夏季要注意防暑，冬季要注意保暖，保持温度适宜和快速安全。

雏鹌鹑的运输方式依季节和路程远近而定，通常情况下汽车运输最方便。汽车运输时间安排比较自由，又可直接送达鹌鹑场。火车、轮船、飞机也是常采用的运输方式，这几种方式适合于长距离运输和夏冬季运输，安全快速，但不能直达目的地，需要汽车短途转运。

在运送雏鹌鹑之前，押运人员应该携带检疫证、身份证、特种动植物驯养和经营许可证、路单以及有关的行车手续。雏鹌鹑运输过程中，应注意提供适宜的温度，防止温度过高或过低，还要防闷、防压、防雨淋和防震荡，中途尽量不停留。远距离运输应有两位司机轮换开车。押运雏鹌鹑的技术人员在汽车开动后30分钟后需检查车厢最中心位置的雏鹌鹑活动状态。如果雏鹌鹑精

神状态良好，隔 1 ~ 2 小时检查 1 次，检查间隔时间长短应视实际情况而定。

雏鹌鹑运抵育雏舍后，要立即打开包装箱，将幼雏放入育雏室内休息 30 ~ 50 分钟后，先供给 5% ~ 8% 的葡萄糖水，然后再开始喂食。

五、雏鹑饲养管理

1. 接雏

雏鹑从出雏机中捡出，在孵化室内绒毛干燥后接种马立克疫苗后转入育雏室，或运送到育雏室，此过程称为接雏。若是自己孵化接雏可以分批进行，尽量缩短在孵化室的逗留时间，不要等到全部雏鹑出齐后再接雏，以免早出壳的雏鹑不能及时饮水和开食，导致体质逐渐衰弱，影响生长发育，降低成活率。

2. 饮水

出壳雏鹑应在 24 小时内喝到温水。雏鹑经过长途运输或在孵化器内待的时间过长，会丧失不少水分，应及时供给温水，补充体内所耗水分，使雏鹑恢复精神，否则会使雏鹑绒毛发脆，影响健康。长时间不供水，会使雏鹑遇水暴饮，甚至弄湿羽毛，引起受凉，产生拉稀。第一天用小钟式饮水器加 0.05% 的高锰酸钾水，第二天饮 5% 葡萄糖水溶液，以后每周饮高锰酸钾水一次。随着日龄的增长，饮水量增加，可利用饮水杯或自动饮水线供水。

饲养员应站立在鹌鹑笼旁仔细观察，每只鹌鹑都应喝到水，对没有喝上水的要用手抓起来将喙放到饮水器内蘸一下，让其将水咽下学会饮水。对于没有饮水欲望的个别雏鹑用滴管向口中滴水。开始喂水后的前 3 天要加强管理，饮水器中不断水，让鹌鹑自由饮水。如果发现抢水喝说明曾经断水，让其喝一会儿水后将饮水器移走，等雏鹑安定后再放入饮水器，防止暴饮。

3. 开食

雏鹑第一次喂食称为开食，开食时间一般掌握在初饮后 3 ~ 4 小时，笼养条件下，饲喂时饲料应在报纸上铺开，保证所有的雏鹌鹑都能吃到，5 天后开始使用小料槽。开食不是越早越好，过早开食容易导致胃肠软弱，有损于消化器官。但是，开食过晚有损体力，影响正常生长发育。当有 60% ~ 90% 雏鹑随意走动，有啄食行为时应进行开食。另外，开食最好安排在白天进行，效果较好。

喂料次数，原则上是早、中、晚和夜间共 4 次，实行少喂勤添。但要看具体情况，当料槽里缺料时就应添补，充分供给，保证饲料不断，让幼雏自由采食，快速发育。幼雏阶段每只鹌鹑日饲喂量见表 6-2。开食料最好采用全价配合饲料，市场有售。

表 6-2　每只鹌鹑每日饲喂量

周龄	1	2	3	4	5	6
饲料 /g	5.5	9.5	12	15	17	19

开食良好的雏鹑，走进育雏室即可听到轻快的叫声，声音短而不大，清脆悦耳，且有间歇；开食不好的雏鹑，就有烦躁的叫声，声音大而叫声不停；开食正常的雏鹑比较安静，没有扎堆吃食的现象。

在开食时应特别注意以下几点：

（1）挑出体弱雏鹑。雏鹑运到育雏舍，经休息后，要进行清点，将体质弱的雏鹑挑出。因为雏鹑数量多，个体之间发育不平衡，为了使鹑群发育均匀，要对个体小、体质差、不会吃料的雏鹑另群饲养，以便加强饲养，使每只雏鹑均能开食和饮水，促其生长。

（2）延长照明时间。开食时为了有助于雏鹑觅食和饮水，雏鹑出壳后 3 天内采取昼夜 24 小时光照。

（3）选择开食饲料。开食饲料，一般要求营养丰富，适口性好，容易消化吸收，以全价配合饲料为佳。

（4）开食不可过饱。开食时要求雏鹑自己找到采食的食槽和饮水器，会吃料能饮水，但不能过饱，尤其是经过长时间运输的雏鹑，此时又饥又渴，如任其暴食暴饮，会造成消化不良，严重时可致大批死亡。

（5）不能使雏鹑湿身。注意盛水器的规格，要大小适宜，以免雏鹑进入水盆。

4. 其他日常管理

育雏的日常工作要细致、耐心，加强卫生管理，经常观察雏鹑精神状态。按时投料、换水、清扫地面及粪便，保持清洁。其日常管理包括以下几点：

（1）每天早晨，要观察鹌鹑的动态，如精神状态是否良好，采食、饮水是否正常，发现问题，要找出原因，并立即采取措施。

（2）承粪盘每天清扫，饮水器每天清洗并更换洁净的饮水，供水不可间断。喂湿料的料槽，在加新料前要先清除剩料，冲洗干净。

（3）每天日落后开灯照明，夜里 10 时后关灯。

（4）经常检查温度、湿度、通风情况，每天晚上临睡前，一定要检查一次育雏温度。

（5）观察雏鹑粪便情况，正常粪便较干燥，呈螺旋状。粪便颜色、稀稠度与饲料有关。喂鱼粉多时呈黄褐色，喂青料时呈褐色且较稀，均属正常。如发现粪便呈红色、白色，应分析和采取治疗措施。

（6）及时淘汰生长发育不良的弱雏，使全群生长发育整齐一致。

（7）发现病雏，应立即采取隔离措施，死雏及时剖检诊断。

（8）定期更换入口处的消毒药和洗手盆中的消毒药，对雏鹑舍屋顶、外墙壁和周围环境也要定期消毒。

（9）消灭蚊蝇繁殖的滋生地，消灭幼虫，首先改造好鹑舍环境，填平鹑舍内外的污水坑，鹑舍排水设地下排水道，鹑粪做堆积发酵处理，病死鹑及时深埋或焚烧，或专设尸坑进口加盖。粪池和排水沟在蚊蝇繁殖季节，每周用 0.5% 的敌百虫或 0.02% 的溴氢菊酯撒布粪池和水沟。鹑舍内每周用 0.02% 的溴氢菊酯喷洒 1 ~ 2 次，鹑场环境每 2 ~ 3 天用消毒灭虫药液喷洒 1 次，夏季蚊蝇繁殖旺盛时期，鹑舍门窗应设有纱窗、纱门，环境喷洒消毒灭虫药液的次数适时增加，有效地控制和杀灭蚊蝇成虫。

（10）杜绝鼠害，定期清除鹑舍周围的杂草、垃圾，保持鹑舍环境整洁，鹑舍内外的鼠洞定期检查堵塞，管道、通风口用细密铁网封堵。鹑舍门缝低于 1mm 为宜。定期进行投药灭鼠，每年进行 2 ~ 3 次全场性大规模灭鼠（包括生活区），使用慢性抗凝血剂的敌鼠钠盐等，直接投放老鼠喜爱藏身以及经常活动的地方，4 ~ 5 天后收集死鼠，进行无害处理。

（11）在 1 周龄和 2 周龄时抽样称重，与标准体重对照，以便了解饲养管理上存在的问题，并按照称重结果，适当调整饲喂量、饲喂次数等。

（12）转群到育成鹑笼或种鹌鹑笼前两天，先将成鹑笼用的饮水设备挂入育雏笼内，仿照上大笼后的环境，让雏鹌鹑熟悉新环境的饮水方式，以便鹌鹑更好地适应转群后的新环境。

5. 雏鹌鹑死亡原因剖析

雏鹑在饲养过程中，即使在饲养管理正常的状况下，雏鹑存栏数也会下降。这主要是小公鹑的捡出和弱雏的死亡等造成的。存栏数下降只要不超出 3% ~ 5%，应当属于正常。

一般来说，雏鹑死亡多发生在 10 日龄前，因此称为育雏早期的雏鹑死亡。育雏早期雏鹑死亡的原因可以从如下几个方面进行分析。

（1）种鹌鹑患有白痢等病。如果种蛋来自患有鹑白痢的种鹑，尽管产蛋种鹑并不表现出患病症状，但由于确实患病，产下的蛋经由泄殖腔时，使蛋壳携带有病菌，在孵化过程中，使胚胎染病，并使孵出的雏鹑患病致死。为防止这些疾病的出现，主要是从种蛋着手，一定要选择没有传染病的种蛋并对种蛋进行严格消毒后再进行孵化。

（2）孵化器不清洁，沾染有病菌。这些病菌侵入鹑胚，使鹑胚发育不正常，雏鹑孵出后脐部发炎肿胀，形成脐炎。这种病雏鹑的死亡率很高，是危害养鹑业的严重鹑病之一。

（3）由于孵化时的温度、湿度及翻蛋操作方面的原因，使雏鹑发育不全等也能造成雏鹑早期死亡。孵化中严格管理，不致发生各种胚胎期的疾病，从而孵化出健壮的雏鹑。

（4）环境因素。第一周的雏鹑对环境的适应能力较低，温度过低，鹑群扎堆，部分雏鹑被挤压窒息死亡，某段时间在温度控制上的失误，雏鹑也会腹泻得病。一般情况下，刚接来的部分雏鹑体内多少带有一些有害细菌，在鹑群体质健壮时并不都会出现问题。如果雏鹑生活在不适宜不稳定的环境中，会影响体内正常的生理活动，抗病能力下降，部分雏鹑就可能发病死亡。

（5）饲料单一，营养不足，不能满足雏鹑生长发育需要，因此雏鹑生长缓慢，体质弱，易患营养缺乏症及白痢、气管炎、球虫病等疾病而导致大量死亡。

第二节 鹌鹑的育成技术

育成期鹌鹑即指 21 ~ 40 日龄期间的鹌鹑。雏鹌鹑经过 20 天的育雏期后，可以逐步脱温，转入育成期的饲养和管理。

一、育成鹑的特点

鹌鹑 21 日龄时开始进入育成期，此阶段是从雏鹌鹑到产蛋鹌鹑的过渡期，这一阶段生长强度大，尤其以骨骼、肌肉、消化系统与生殖系统发育较快。其饲养管理的主要任务是控制其标准体重和正常的性成熟期，同时要进行严格的选择及免疫工作。

二、育成鹑的饲养方式

育成期鹌鹑的饲养方式灵活多样，可以因地制宜，灵活掌握应用，有的将育雏育成阶段整合到一起，有的将雏鹌鹑转入到专用育成鹑舍饲养，也可直接转入成鹑笼，令鹌鹑的育成与产蛋（种鹌鹑）生产都在产蛋舍中进行。可采用单层或多层笼养，与育雏期相比，育成鹑的饲养密度应适当降低。

三、育成鹑的管理

1. 育成笼舍的准备

育成笼舍要提前消毒，若是新鹑舍、新笼具，可用甲醛密闭熏蒸，旧鹑舍、旧笼具要先用清水冲洗，再用 2% 火碱水溶液喷洒笼具、地面、墙壁，最后用甲醛密闭熏蒸 24 小时。用火碱消毒过的笼具，上鹌鹑前再用清水认真冲洗。

2. 转群

雏鹑孵出后，已按公母、强弱进行了分群饲养，因此 21 日龄转群时根据外貌特征分别从公、母的强势群体中选留种鹑单独饲养，不留作种用的雌鹑作为产蛋鹑，多余的公鹑、发育差的雌鹑全部转入肉用育肥群进行育肥。

转群时应尽量避免鹌鹑受惊，减少死亡。因此在最初几天可在日粮中加入 0.2% 的多种维生素，以防应激后发病。转群后要保持安静的环境，消除各种噪声干扰，防止猫、狗进入。转群时间

一般安排在晴天的上午，转群笼底网眼不宜太大，以免鹌腿卡在网眼内造成伤亡。运输时笼子顶部应盖上一层遮阴物。每笼装鹑的数量要适当，防止挤压踩死。转群如果选择在晚间进行，则可以大幅度减小应激反应。

3. 育成条件

（1）温度。育成初期温度保持在 23 ~ 27℃，中期和后期温度可保持在 20 ~ 22℃。

（2）光照。育成鹑饲养期间需适当减少光照，只需保持10 ~ 12 小时的自然光照即可。在自然光照时间较长的季节，甚至需要把窗户遮上，使光照时间保持在规定时数内。

（3）湿度和通风。室内应注意保持空气新鲜，但要避免穿堂风，地面要保持干燥。冬季要注意保温，可在中午气温稍高时换气。适宜的湿度为 55% ~ 60%。

（4）密度。饲养密度不宜过大，以防发生啄肛、啄羽等恶习，以大部分鹌鹑能同时采到食物为度。气温低时密度大些，反之则密度适当小些，一般每平方米 110 ~ 140 只。

4. 饲喂

饮水器具中应保持有清洁卫生的饮水，每天要清洗、冲洗和消毒饮水器具。

育成鹑每日可以投喂 4 次，每半个月投喂 1 次直径约 1mm 的细沙粒。细沙粒的投喂量是日粮标准的 1% ~ 2%。此期日粮投料量标准见表 6-2。

对种用鹌鹑和蛋用鹌鹑，为确保日后的种用价值和产蛋性能，雌、雄鹑分开饲养，同时还要对雌鹑限制饲喂，一般从 28 日龄开始控料。这不仅可以降低成本，防止性成熟过早，又可提高产蛋数量、质量及种蛋合格率。限制饲喂方法是控制日粮中蛋白质含量为 20%，喂料量仅喂标准料量的 80%。

为确保限饲的顺利进行，每周应定期抽测育成鹑的体重（空腹），数量少时全部称重，数量大时应按 10% 抽样，求出平均体重及体重分布百分率，如有 80% 以上达到标准体重（允许 ±10%），则为均匀良好的标志。过大或过小，则要酌情调整日粮水平。捕捉时要轻捉轻放，防止骨折。

5. 疾病防控

必须保持室内外清洁卫生，定期用 3%～5% 来苏儿溶液消毒。防止啄癖，不定期防疫与检测，及时防治疾病发生。避免与鸡等家禽共养，防止疾病传染。每周进行 1 次肠道消毒，即喂 1 次高锰酸钾溶液（颜色微红即可），预防一般的细菌性疾病，拌料饲喂金霉素添加剂、土霉素治疗。大批量饲养时，要预防接种。

6. 做好各项记录

主要是记录好环境指标，如温度、湿度及体测指标等。

7. 做好转群前的准备

一般种用鹌鹑与蛋用鹌鹑在 40 日龄时，大约已有 2% 的鹌鹑开产，但大多数在 45～55 日龄开产。因此，在产蛋之前，必须做好各种预防、驱虫等工作，并要及时转群饲养。转群前应做好成年鹑舍清洗等各种准备工作。转群时动作需轻，环境需保持安静。

第三节　鹌鹑的管理与育肥技术

一、产蛋鹌鹑的管理

产蛋鹌鹑一般指 40 日龄以后的鹌鹑。其饲养目的是获得优质高产的食用蛋。

（一）产蛋鹌鹑的特点

1. 鹌鹑产蛋规律

母鹑一般 40 日龄左右就开始产蛋，开始产蛋后的第 1 个月产蛋率为 80%，此为产蛋前期；第 2 个月为 95%，第 3 ~ 4 个月为 90%，第 5 ~ 6 个月为 85%，此为产蛋高峰期；第 7 ~ 8 个月为 80%，第 9 ~ 10 个月为 75%，第 11 个月为 70%，第 12 个月为 65%，此为产蛋后期。

产蛋母鹑每天产蛋时间主要集中于中午过后至晚上 8 时前，而下午 3—4 时是产蛋的高峰时间。产蛋初期的蛋小，受精率低。产蛋后期，蛋壳质量下降，孵化率也低。

2. 蛋鹌鹑利用年限

商品蛋用鹌鹑仅利用 10 ~ 12 个月，生产中应综合考虑产蛋量、种蛋合格率及其经济效益，并随时关注市场行情，及时准确地把握好鹌鹑产品（食用蛋或是淘汰母鹌鹑等）的上市时间。

（二）产蛋鹌鹑的饲养方式

产蛋鹌鹑笼具常采用阶梯式结构，每层分为若干个单元，每个单元养产蛋鹌鹑 20 ~ 30 只。

（三）产蛋鹌鹑的饲养管理

要提高母鹌鹑的产蛋性能，应根据鹌鹑的生理特点，给予适宜的生活环境条件（即温度、湿度、通风、光照以及饲养密度）和科学的饲养管理。

1. 温度

舍内的适宜温度是促使高产、稳产的关键。一般要求控制在 22 ~ 26℃，低于 15℃时会影响产蛋，低于 10℃时，则停止产蛋，过低则造成死亡。冬季要注意防寒保暖，除使用生火炉等措施来保持温度外，可同时配合增加饲养密度。冬季，笼架下层比上层温度低 5℃左右，可通过增加下层的密度来调节。鹌鹑对高温 35～36℃有一定耐受力，但不能持续太久，高温持续时间过长，产蛋率也会下降，因此，夏季应注意降低饲养密度，开排气扇降温，有条件的可以采用风机湿帘降温。

2. 湿度

鹌鹑是一种喜干怕湿的禽类，要使母鹌鹑正常生长和产蛋，就应保持鹌鹑舍干燥、清洁，室内的相对湿度以 50%～55% 为宜。如果湿度过大，可进行人工通风。如果湿度过小，可在地上洒些水。冬季北方气候干燥，室内用煤炉加温，可在煤炉上放水壶增湿。

3. 通风

产蛋鹌鹑的新陈代谢旺盛，加之又是密集式多笼饲养，常产生大量的氨气、二氧化碳、硫化氢等有害气体。因而在室内的上、下方都应设通风排气装置，夏天的通风量应为每小时 $3～4m^3$，冬天为每小时 $1m^3$，层叠式笼架比阶梯式笼架通风量还应多些。

4. 光照

光照有两个作用，一是为鹌鹑采食照明，二是通过眼睛刺激鹌鹑脑垂体，增加激素分泌，从而促进性的成熟和产蛋。鹌鹑产蛋初期和产蛋高峰期光照应达 14～16 小时，后期增加为 16 小时，一直维持到淘汰（表 6-3）。光照强度以每平方米 2.5～3W 为宜。

放置灯泡时，应注意重叠式笼子的底层笼的光照。据测试，用红光结合紫外线进行光照最好。在红光下饲养，不论光线强度高低，鹌鹑都能提早性成熟，比蓝光、绿光和日光灯下早 10～14 天开产。并能保持较高的产蛋率。如果结合紫外线灯光照，每天光照 10 分钟左右，就可以提高产蛋率 10% 左右。光照时间应是连续光照，每天定时开灯、关灯，不应随意变动。

表 6-3 产蛋鹌鹑光照时数

日龄	光照时数 /h
41 ~ 45	14
46 ~ 50	15
51 ~ 60	15.5
61 日龄以后	16

5. 密度

产蛋鹌鹑的饲养密度,既不可过大,也不应太小。过大,不但会影响产蛋,而且容易发生啄肛、啄羽,甚至诱发疾病。密度太小,房舍利用率低,饲养成本加大。在重叠式笼养情况下,每个单元养殖产蛋鹌鹑 20 ~ 30 只为宜。

6. 饲喂

鹌鹑产蛋后期,日粮中适当添加颗粒状石灰石(颗粒直径2mm 左右),不但可以提高蛋壳质量,对提高产蛋率也有明显效果。

(1)饲喂量。产蛋母鹌鹑体重约 130g,每只每天要消耗配合饲料 25g 左右。在配合饲料内需加入不溶性的沙粒,一般加入量为饲料量的 2%,也可在食槽中放些沙子,任其自由采食。湖北省农业科学院畜牧兽医研究所与神丹公司共同培育了国家鹌鹑新品种(配套系):"神丹 1 号" 鹌鹑,与其他鹌鹑品种比较,"神丹 1 号"鹌鹑体型小、耗料少;产蛋多,蛋品质好,适宜加工生产。"神丹 1 号" 鹌鹑产蛋期建议日粮饲喂量见表 6-4。

表 6-4 "神丹 1 号"每只鹌鹑每日饲喂量

周龄	7	8	9	10	11 以后
饲料 /g	21	22	23	24	25

(2)饲喂次数。每天对产蛋鹌鹑喂 4 次即可(早晨、上午、下午、晚上)。春季为产蛋旺季,夜间可加喂 1 次。每次饲喂要定时、定量,少喂勤添,不可中断饮水,否则会引起产蛋率骤降。

7. 防止应激

鹌鹑对周围环境非常敏感，笼具的移动、饲管人员的高声说话、异常响声等，都能使鹌鹑受惊而影响产蛋率，按其规律，产蛋一般集中在午后及晚8时前，下午3—4时为产蛋高峰。因此，在这阶段时间最好不要有人走动、添料、捡蛋等动作。鹌鹑喜欢安静，应防止应激，夏季高温时可在饮水中加维生素C与电解质，以保持食欲。寒冬增加防寒保温措施。

8. 防止泄殖腔外翻

鹌鹑开产的头2周，泄殖腔外翻的病例发生率可达1%～3%。主要原因是培育过程中未限制饲喂，蛋白质水平偏高，性成熟过早。少数则是产大蛋、双黄蛋引起子宫外翻，诱发啄癖。此外，光照过强，体况偏肥或过于虚弱，也可诱发泄殖腔乃至子宫外翻。实际工作中，应针对上述原因采取相应纠正措施。

9. 不同产蛋时期的饲养管理要点

根据鹌鹑产蛋率的高低不同，将产蛋期为产蛋初期、产蛋高峰期和产蛋后期，处于不同生产水平的鹌鹑具有不同的生理生活特性，因此，也需要有针对性采取不同的饲养管理措施。

（1）产蛋前期饲养管理。鹌鹑开产后（达5%产蛋率后），种母鹌鹑及产蛋鹌鹑的身体与生殖系统还未完全成熟，这一阶段既要保证身体进一步发育，又兼有产蛋任务，因此要及时调整为产蛋饲粮。初产阶段的鹌鹑蛋比较小，加之还有少量畸形蛋、白壳蛋和软壳蛋等，此期应根据产蛋率和蛋品质及时调整饲料营养水平，改进饲养管理工艺。一般情况下，到60日龄时，蛋重及蛋形等可达到品种标准。如果是种鹌鹑，这时可以放入公鹌鹑开始配种，准备收集种蛋。

产蛋前期的管理要点是防止过肥和脱肛。初产期饲料中的蛋白质水平不可太高，以20%为宜。光照时间逐步递增，早、晚实

行人工补充光照，提供合理的光照强度。预防有关疾病，保持环境安静，谢绝参观，防止鼠、鸟入侵。

（2）产蛋高峰期饲养管理。产蛋高峰期的产蛋率达85%以上，由于产蛋量激增，应迅速调整为高峰期饲粮，蛋白质水平应达22%～23%。光照应达16小时，光照强度每$20m^2$面积有40W光照即可，但应采用小型灯泡，增加灯泡数，以便照度均匀，目前倾向于使用节能照明。每天饲喂4次，最后一次喂料宜在晚间熄灯前1小时完成。

每天、每周做好产蛋记录和统计分析，以便随时了解产蛋情况，反映管理水平，及时调整管理措施，获得最好的养殖效果。

（3）产蛋后期饲养管理。此期鹌鹑的产蛋率由高峰逐渐向下跌落，所以最为关键的饲养管理手段是千方百计、想方设法减缓这种跌落趋势，当然，这种跌落时间与程度与品种、品系及营养水平、综合管理技术是息息相关的。

大多数饲养者在发现产蛋率由高走向下坡时，会不惜代价往饲粮中增加鱼粉、豆粕等蛋白质饲料，或添加较多的自由微量元素与多维等，企盼产蛋能有上升，但这种做法往往事与愿违。正确做法是，产蛋量减少时，应该相应地降低蛋白质水平，才能维持或减缓产蛋率下降趋势。产蛋率下降是正常生理现象，如果在这一阶段增加蛋白质，将超过产蛋鹌鹑的生理与生产需求，鹌鹑不能利用完的蛋白质将转化为脂肪积累贮存体内，导致排卵受阻，使产蛋骤降。因此，应该充分遵循产蛋规律，相应采取同步降低蛋白质水平，才是科学的管理。

及时剔除已经换羽、停产、瘦弱的鹌鹑，这些弱小鹌鹑比率占3%～5%。产蛋后期产蛋率不断下降，鹌鹑的消化吸收能力也大大降低，鹌鹑蛋品质也随之变差，破损蛋、白壳蛋、软壳蛋激增，种用价值及食用价值也越来越低，综合考虑养殖效益，应及时淘汰。

最佳淘汰时间是产蛋率降到 50% 以下，鹌鹑蛋品质大幅下跌，死淘率上升，从经济价值与育种价值等方面衡量，确实无利润空间和利用价值，应全部淘汰。

10. 产蛋鹌鹑的日常管理

（1）检查鹌鹑的健康状况。清早起来首先要察看一遍鹌鹑的活动情况，观察采食、饮水情况，检查当天的排粪，看有无异常现象，如发现问题，要从多方面分析原因，及时采取必要措施。

（2）及时投料，按时给水。投料前查看剩料情况，适当补料。注意分析剩料原因，饮水要勤换。

（3）搞好清洁卫生。食具、水具、笼舍等要经常清洗，定期消毒。每天清粪 1~2 次，注意鹑粪的颜色、形状、气味，如发现异常及时采取对策，最后清扫地面。

（4）产品收集。产蛋鹌鹑每天产蛋的时间主要集中于午后及晚上 8 时以前，而以下午 3—4 时为产蛋旺期。食用蛋多于次日早晨集中一次性采集；集蛋容器要有专用设备，以降低破损率。集蛋槽边缘可垫放泡沫塑料，以减缓鹑蛋滚动时的冲击力。捡蛋时要记录每天的产蛋数和产蛋情况，从而发现饲养管理中存在的问题，并及时解决。

（5）防范天敌。蛇、鼠是鹌鹑的天敌，既能咬死和吞食鹌鹑，也吃鹑蛋；苍蝇则通过饲料把病菌传染给鹌鹑。

（6）定期淘汰老鹑。雌鹑一般养 1 年，一年后产蛋率下降40%，应及时淘汰。

（7）生产记录。养鹑场应建立生产记录档案，包括进雏日期、进雏数量、雏鹑来源、饲养员等。每日的生产记录，包括日期、鹌鹑日龄、死亡数、死亡原因、存栏数、温度、湿度、免疫记录、消毒记录、兽药采购和使用记录、喂料量、鹑群健康状况、销售日期、数量、销售单位等。全部记录保存 3 年以上。

11. 产蛋鹌鹑的季节管理

饲养在开放式鹑舍的鹌鹑，小环境条件随外界的变化而发生变化。所以，要使蛋鹑高产稳产，必须在不同的季节采取不同的管理措施，尽量为鹌鹑提供一个良好而稳定的环境。

（1）春季管理。春季舍外气温逐渐升高，自然日照时间逐渐延长，也是鹑产蛋较为适宜的时期。但各种微生物也开始大量繁殖，气候多变，早晚温差大。所以，春季要提高饲料的营养水平，做好卫生消毒工作。在通风换气的同时，还要注意保温。要根据气温高低、风向决定开窗次数、大小和方向。要先开上部的窗户，后开下部的；白天开窗，夜间关窗；温度高时开窗，温度低时关窗；有风时关窗，无风时开窗。这样可避免春季发生呼吸道疾病，又可提高产蛋率。

（2）夏季管理。夏季管理重点是做好防暑降温工作，具体从以下几方面着手。

改善环境，降低舍内温度：加大通风量可降低舍温，但温度超过30℃时通风的作用不大。在鹑舍设计和建筑时，应考虑到配置夏季防暑降温装置。采用隔热材料作房顶建筑材料，鹑舍涂成白色且做吊棚，安装风扇，采取纵向通风；在鹑舍周围种植树木、花草。减少蒸发散热；鹑舍屋顶喷水，在鹑舍内喷微粒水雾，可降低舍温3～4℃；应保证足够的饮水器和清洁的饮水；采用合理的饲养密度，夏季饲养密度应降低20%；在鹑舍通风口安装湿帘是密闭式鹑舍降温最经济有效的方式，可降低舍温5～8℃，温度越高时降温效果越好。对开放式鹑舍，采用纵向式通风可使鹌鹑散热加快，对提高鹌鹑的抗热应激能力具有一定的作用。经湿帘冷却的空气纵向流经鹑舍，可降低舍温2～4℃，效果较好。也可采用向鹌鹑羽毛喷水的方法，可有效降低热应激的影响。

饲喂方法：采用两头饲喂法，在早晨天亮后的1小时和傍晚两个采食高峰喂饲。有条件的可在夜间加料，让鹌鹑自由采食，但必须保证鹌鹑有足够的采食槽位。

营养调控：高温时，鹌鹑的采食量降低，从而使摄入的营养低于需要量。要想保证鹌鹑的需求，应降低能量的含量，提高蛋白质的含量，最好使饲料中蛋氨酸和赖氨酸的含量提高10%；增加饲料钙的含量，在傍晚可选用蛋壳粉、牡蛎粉等及时补饲，一般补饲量是日粮的1%～1.5%。环境温度升至35℃时，鹌鹑的能量需要大量增高，在这种情况下，增加日粮能量含量可以在一定程度上克服因采食量降低带来的生产下降。所以，在天气炎热时，采用高能饲料，最好在日粮中添加脂肪。添加脂肪还有助于减慢饲料通过胃肠道的速度，从而加强机体对饲料的利用，有助于鹌鹑克服热应激，但不能维持正常水平。适当增加青绿饲料，可防暑降温，又可补充维生素，减少啄癖。

添加抗应激添加剂：高温时饲料中添加100～150mg/kg的维生素C，可明显提高蛋壳厚度，减少破壳蛋、薄壳蛋。若在每升饮水中添加200～400μg的维生素C，可使蛋鹑产蛋率提高9个百分点，产蛋量提高15%，料蛋比提高3%。目前，抗应激添加剂中使用最多的是电解质，包括碳酸氢钠、氯化铵、氯化钾及它们的不同组合。杆菌肽锌具有提高饲料利用率、促进生长的功能，也是一种缓解蛋鹑热应激的饲料添加剂。在每千克饲料中添加100～150mg杆菌肽锌，可有效提高应激鹑群产蛋率和饲料利用率。添加B族维生素，可有效降低热应激状态下的死亡率。中草药富含维生素、矿物质、氨基酸等营养物质，能够提高鹌鹑的生产性能和免疫力，并有抗应激作用。在饲料中添加0.1%的刺五加浸膏，可有效缓解热应激。还有柴胡、石膏、黄连、五味子等多种中草药，通过合理组方，可显著提高鹌鹑抗应激能力。

及时清粪：夏季蛋鹑粪便较稀，含水量大约80%，一方面会

使鹑舍内的相对湿度增加，影响散热；另一方面，鹑粪极易发酵产生有害气体，诱发呼吸道疾病。因此，清粪要及时。

加强日常检查：在夏季，鹌鹑场应该成立专门的防暑降温检查工作小组，定期进行防暑降温工作检查。检查的内容主要包括每天鹌鹑群的饮水供应是否充足；中午下班期间舍中的各项防暑降温设备是否运作正常、风扇运行情况和喷雾后的效果，下午员工上班期间制订的防暑降温措施的落实情况，舍中的环境温度和鹌鹑群受热应激的严重程度，傍晚时候要加强巡视，以防止部分种鹌鹑出现中暑，一经发现则要组织力量尽早处理，密切关注天气的变化情况，遇见持续的高温天气，则要有计划地使用一些防暑降温的药物，以减轻热应激对鹌鹑群的危害程度。经过一段时间实施后，还要对该场的防暑降温的措施进行评估，以判断其实施后的效果，对存在的问题要及时解决。

（3）秋季管理。秋天天气逐渐变凉，日照时间逐渐缩短，昼夜温差大，饲养管理既要保证青年鹌鹑高产稳产，又要想办法延长老鹑产蛋时间。

当年养育的青年鹌鹑，重点做好补充光照工作，把鹑群逐渐引向产蛋高峰，使其光照时间和光照强度达到要求标准。对经历一个产蛋年的老鹑，要尽量延长产蛋期，增加产蛋量。在开始换羽前，尽量延迟换羽期的到来。早秋天气闷热，雨水多，舍内相对湿度大，易诱发疾病，因此白天要加大通风量，以保证舍内适宜的相对湿度和解除闷热。深秋昼夜温差大，要做好防寒保暖的准备工作。尽量避免蚊虫的叮咬，减少疾病的发生。减少应激因素，避免产蛋量的急剧下降。

（4）冬季管理。入冬以后，气温渐低，日照渐短，大部分鹌鹑产蛋量下降，甚至停产。要使鹌鹑冬季持续平稳产蛋，饲养上必须采取措施。

保温增温：鹌鹑在适宜温度 15 ~ 25℃食欲旺盛，产蛋多，种蛋受精率也高；低于 15℃产蛋率明显下降。因此，在严冬或早春应采取保温增温措施，夜间在笼上要加盖保温物件，适当加大笼养密度，每平方米可增加饲养密度。另外，冬季水温低，不宜给鹌鹑饮冷水，而应给鹌鹑饮温水，水温一般应在 20 ~ 30℃。每天饮温水 3 次，不要让其自由饮水，以免影响鹌鹑对饲料的消化。同时，对鹌鹑饲喂的湿料，也应用温水调制，不能太冷。

增加光照：产蛋鹌鹑每天需要 12 ~ 14 小时光照时间。冬天需人工补充光照。每 30 ~ 40m² 鹑舍配 1 只 40W 电灯，每天天亮前 2 小时开灯，天黑后 2 小时关灯，保持稳定的光照强度和光照时间。

平衡营养：冬季应饲喂营养全面的配合饲料，并供给适量沙粒让鹌鹑采食，以促进消化。同时供给清洁温水供鹌鹑饮用。

净化环境：鹌鹑胆小，受惊后产蛋率下降或产软壳蛋。在日常饲喂、捡蛋、清粪、加水时动作要轻，不要轻易更换饲养人员。与夏季管理一样，要保持笼舍、饮食具清洁卫生。每隔 7 ~ 14 天用 2% ~ 3% 的来苏儿水对舍内外消毒一次。

及时防病：由于寒冷应激以及保温而忽视通风换气，易使鹑舍内空气污浊，病原微生物增加，使得冬季鹌鹑极易发生传染性支气管炎、禽流感等呼吸道疾病。因此，要做好消毒、免疫工作，以保证产蛋鹌鹑安全过冬。

二、种鹌鹑的管理

种用鹌鹑与产蛋鹌鹑除配种技术、笼具规格、饲养密度、饲养标准等有所不同外，其他日常管理基本相似，但由于种鹌鹑承担着繁殖后代的责任，对种鹌鹑的管理需要更细致周到，具体要做好如下几个方面的工作。

1. 种鹌鹑的挑选

（1）种用育成鹌鹑的选择。留作种用的育成鹌鹑应体质健壮，羽毛光滑，眼大而明亮。蛋用品种体重不低于63g，肉用品种体重不低于70g。种用育成鹌鹑应实行雌、雄分开饲养。在光照强度和光照时间上要适当控制，只能逐渐缩短，不能逐渐延长。为防止种用育成鹌鹑过肥，控制性腺发育，应将饲料蛋白质水平控制在17％左右，必要时可实行限饲。所有的疫苗接种和驱虫工作都要在种用鹌鹑的生长阶段完成。育种场还要对仔鹑进行编号，建立系谱档案。

（2）种用成年鹌鹑的选择。对种鹌鹑的选留最好依据系谱、来源和生产性能记录进行选择。选择方法有外貌选择、系谱选择和家系选择等。生产性能应从产蛋量、开产日龄、体重、繁殖率、生长速度、料蛋比、料肉比等方面选择。要求种鹑目光有神，姿容优美，羽毛光泽，肌肉丰满，皮薄腹软，头小而圆，嘴短颈细而长。

公鹑品质的好坏对后代的影响很大。成年公鹌鹑要求生长发育良好，健康无病，雄性特征明显，受精率高，腿直立有力，叫声清脆洪亮，稍长而连续，胸部砖红色明显，体壮胸宽背不驼，精力充沛。选择时主要观察肛门，应呈深红色，隆起，手按则出现白色泡沫，此是已发情，一般公鹑到50日龄会出现这种现象。公鹑爪应能完全伸开，以免交配时滑下，影响交配，降低受精率。

成年母鹌鹑要求生长发育良好，体型正常，羽毛丰满，健康无病，体格健壮，活泼好动，雌性特征明显，产蛋量高，料蛋比低，精神饱满，采食量大，食欲旺盛。腹部容积大、有弹性、柔软，耻骨间有两指宽，耻骨顶端与胸骨顶端有三指宽，肛门松弛、湿润。

2. 种鹌鹑的配种

种鹌鹑的选配方法有同质选配、异质选配和专门化品系配套生产等多种形式。鹌鹑的繁育方法包括纯系繁育、本品种繁育、品种间杂交和品系间杂交等方法。

鹌鹑的配种多采用小群笼养配种，自然交配。因鹌鹑个体小，小笼群体饲养人工授精不方便，故多采用自然交配繁育后代。据生产观察，公母配比1：（4～5）可以获得较好的受精率，受精率可达85%以上。种鹌鹑的雌雄比例可视品种及日龄等具体情况而定，蛋用种鹑或雄鹑年轻体壮时，可适当增加雌雄的比例，而肉用种鹑则正好相反。

为满足蛋用鹌鹑选育研究需要，湖北省农业科学院畜牧兽医研究所与湖北神丹健康食品科技有限公司共同探索出鹌鹑人工辅助配种方法，提高了公鹌鹑的利用效率，公母配比达到1：12，减少了饲养种公鹌鹑的成本。具体做法是，公母种鹌鹑均饲养在个体笼中，种公鹌鹑的笼位大小是母鹌鹑的2倍，12只母鹌鹑分3～4天配种，每天下午由专人负责辅助鹌鹑的配种工作，工作人员将1只母鹌鹑放入公鹌鹑笼1～2小时进行配种，然后取出母鹌鹑归原笼，之后换下一只母鹌鹑放入公鹌鹑笼配种，等等。鹌鹑的人工辅助配种实质也是自然交配，但具有许多独特优点，对于鹌鹑的选育科学研究工作是非常好的一种创新技术，实现了鹌鹑的个体产蛋观测及全同胞的繁育。

3. 种蛋收集

种鹌鹑的开产日龄在40日龄左右，最适的产蛋温度为24～27℃，种鹌鹑开产后10～15天才有大批交配行为，因此，种蛋应选留60日龄以后种鹌鹑所产的蛋。产蛋母鹌鹑群每天的产蛋时间主要集中在中午后到晚上8时前，而下午3—4时为最多。因此，食用蛋常在次日早晨集中一次性收集；而种蛋一般每天收取2～4次，以防高温、低温的影响，也可以减少被污染的机会，

确保孵化品质。每批收集的种蛋应进行熏蒸消毒。

4. 种鹌鹑饲养管理

（1）公母合笼：50 ～ 60 日龄时，公母鹌鹑按比例合笼饲养。合笼时，按种鹌鹑要求再进行一次严格选择。

（2）饲喂。鹌鹑每只每天要消耗配合饲料 25 ～ 30g，在食槽中放些沙子，任其自由采食。开产后禁喂颗粒料，要选择钙质易被吸收的骨粉、蛋壳粉和贝壳粉等饲料。每天喂 4 次（早上、上午、下午、晚上），春季产蛋旺季，夜间可加喂 1 次。每次饲喂要定时、定量，少喂勤添，不可中断饮水。日粮的蛋白质水平为 22% ～ 24%。种鹌鹑产蛋期要保证外界条件的相对安静，饲料和饲养人员最好不要随意更换。保证供给充足、清洁的饮水。夏季气温偏高时，可在水中加入适量的维生素 C 和葡萄糖，以提高机体的抵抗力。对发病的鹌鹑可单独给药治疗，尽量避免大群投药，尤其是在产蛋高峰期。

（3）种鹌鹑的利用。种用公鹑性成熟后，最好在 70 日龄左右开始配种。配种过早，会引起公鹑早衰，还会影响所产后代的体质及生产能力。种用公鹌鹑的使用年限为 1 ～ 1.5 年，若受精率和孵化率仍好的，可以利用 2 年。

种用母鹑 40 日龄左右开产，初产母鹑所产的蛋比较小，不宜做种蛋使用。因此，种用母鹑应在 60 日龄后开始配种，对蛋重则要求达到 12g。种用母鹑的利用年限一般为 1 年，具体是蛋用种鹑可利用 300 ～ 360 天，肉用种鹑可利用 270 ～ 300 天。在实际饲养过程中，对生产性能优异的个体，在其换羽期可通过人为的控制，加速换羽过程使其尽快恢复体能，投入下一个生产周期。

（4）日常管理。每周喂 2 次高锰酸钾溶液，舍温控制在 18 ～ 24℃，采用 16 小时光照，注意通风换气和日常清洁卫生工作，杜绝鼠害,防止飞鸟,减少应激,及时捡种蛋,高温季节要防暑降温,寒冷季节要加温防寒,做好日常记录工作,包括鹌鹑数、产蛋数、采食量、死亡数、淘汰数、天气情况、值班人员等。

5. 种鹑的饲养设备

种鹑笼一般为 4～6 层,单笼规格为宽 0.5m、深 0.3m、前高 0.28m、后高 0.25m,呈前低后高的倾斜方式,前端集蛋槽宽 0.1m。每笼可养种鹑 8～10 只（6 雌 2 雄或 8 雌 2 雄）。水料槽置于产蛋槽上方,料槽底与产蛋槽间距 3.5～5cm。每层下方设承粪板,为方便管理和通风顺畅,顶笼距顶棚不少于 0.6m,底笼距地面不少于 0.2m。种鹌鹑笼具的规格可以依据生产规模及场地大小灵活设计,随着鹌鹑现代生产技术的发展,鹌鹑机械化养殖在逐步实现。

6. 种鹌鹑的运输

购买种鹌鹑应以 20～40 日龄的育成鹌鹑为主,这一时期的鹌鹑抗病力较强,运回后经过一段时间的饲养能够很快投入生产。鹌鹑运输箱多数选用一次性利用瓦楞纸板箱（也有的养殖户采用塑料网箱,经消毒可再次利用,节约成本）。此种运输箱下底大,上面小,四面均有通气孔,上面 4 角和中间还有十字形支撑,所以重叠在一起运输,能保持通气良好。内分 4 格,每格内视气温的高低放鹌鹑 10～15 只,一箱可放 40～60 只。为了保证运输的方便与安全,装箱时应在箱底铺一层厚质草纸,既可防滑,又可吸收胎粪中的水分。

三、鹌鹑育肥技术

1. 肉用鹌鹑育肥技术

肉用鹌鹑经过科学的饲养管理,能提高生长速度,适时上市,取得好的养殖效益,肉用鹌鹑的育肥技术包括如下几个方面。

（1）适宜的养殖方式。肉用幼鹑多采用多层重叠式育肥笼育

肥，育肥笼的单层高度为 10 ~ 12cm，这一高度既便于鹌鹑生活，又可防止仔鹌鹑跳跃，还能避免啄羽和抓背。每层笼顶架设塑料窗纱或塑网，防止肉鹑头部撞伤。肉用仔鹑应采用"全进全出制"方式饲养。

（2）分群饲养。育肥期将公母鹌鹑分群饲养，可减少因采食量和生长速度上的差异所造成的群体重量不一致，还可减少生长后期因交配行为的发生等原因所造成的损伤。

（3）温度。育肥期鹌鹑舍宜保持在 20 ~ 25℃，以适于鹌鹑生长发育所需温度，以期获得最佳的饲料转化率。

（4）光照。肉用鹌鹑仅在育雏期需要较长的光照时间和较强的光照强度。自 21 日龄起，采用断续光照，饲养效果较好。断续光照是开灯 1 小时，黑暗 3 小时，减少了鹌鹑活动量，促进其迅速增重。

（5）通风换气。肉用鹌鹑的采食量较大，新陈代谢旺盛。若舍内通风不好，氧气不足，会严重影响鹌鹑的正常生长，因此，必须保持鹌鹑舍内空气新鲜，冬季天暖时需要开窗换气。当然，最好是采用机械通风、自动化控制，但要处理好通风与保温的矛盾。

（6）饲养密度。饲养密度可适当比种用、蛋用鹌鹑略高为宜。

（7）饲喂。肉用鹌鹑采用无限制饲喂法，增加饲料中的碳水化合物比例，增加饲喂次数（4 ~ 6 次），限制活动进行催肥。育肥饲料要以玉米、碎米、麦麸、稻谷等含碳水化合物多的饲料为主，占日粮的 75% ~ 80%，并适当加喂一些青绿饲料。饮水要保持清洁充分。此外，在饲料中增加叶黄素、虾壳、蟹壳等可使胴体更受消费者欢迎。为了减少胴体的异味，在屠宰前 7 ~ 10 天，减少鱼粉、蚕蛹的喂量是十分必要的。

（8）上市。肉用仔鹑从 20 日龄转群开始育肥，育肥 30 日龄后体重可达 120 ~ 140g，将鹌鹑拿到手里有充实感，将翅膀根部羽毛吹起看到皮肤颜色为白色或淡黄色时即可宰杀或活体出售。

2. 淘汰蛋用鹌鹑育肥技术

淘汰蛋用鹌鹑包括发育不良的雌鹑和淘汰的产蛋母鹌鹑。产蛋 1 ~ 1.5 年的母鹌鹑，如果产蛋率低于 30%，应予淘汰，育肥后出售，生产中应定期淘汰更新。对淘汰蛋用鹌鹑的育肥工作主要有以下几个方面。

（1）转群。淘汰的种鹌鹑或产蛋鹌鹑应转入多层重叠式育肥笼进行市前育肥。

（2）光照与温度。对于淘汰的蛋用鹌鹑或种用鹌鹑应降低光线强度和保持环境安静，淘汰鹌鹑在光线较暗的安静室内育肥，可取得良好的育肥效果。室内温度控制在 18 ~ 25℃。

（3）饲养密度。淘汰的公、母鹌鹑要分开饲养，饲养密度为 $0.3m^2$ 的箱可养淘汰鹌鹑 30 ~ 40 只。通过限制其运动，可以减少饲料消耗。

（4）饲喂。供给淘汰种鹌鹑的育肥料，也要以玉米、麦麸、稻谷等碳水化合物为主。采用无限制饲喂法，每天饲喂 4 ~ 6 次，饮水要清洁、充足。

（5）上市。淘汰鹌鹑体重达 120 ~ 140g，体表羽毛光亮整洁，体态丰满时，应适时上市，宰杀或活体出售，可获得好的育肥效益。

第七章 鹑病的综合防治

鹌鹑的体型较小，采用室内笼养，环境条件容易控制，平时加强饲养管理，提高了群体的抗病能力，一般很少发病。相反，在大群高密度笼养条件下，室温过高或过低，光线过强或过弱，通风不良，舍内过于潮湿，卫生条件较差，日粮营养不足等，都会使鹌鹑体质下降，增加疾病发生的概率。因此，鹌鹑疾病的控制应本着预防为主的原则，通过加强鹌鹑生产条件、饲料营养、生产管理，最大限度地降低鹌鹑发病的可能。

鹌鹑常见的疾病很多，主要包括传染病、寄生虫病、内科病和外科病等。在我国的养鹑业中，传染病仍是危害最严重的疾病之一。另外，鹌鹑的营养代谢病和中毒病也时有发生。因此，在鹌鹑规范化、科学化管理的前提下，充分了解鹌鹑疾病发生的规律，制订合理的鹑病防疫措施是预防鹌鹑疾病的关键。

第一节 鹌鹑传染病的传播途径

传染病是鹌鹑生产中危害最为严重的疾病之一，由病原微生物引起的一类疾病。了解传染病传播途径对预防和治疗鹌鹑疾病具有重要意义。通常情况下，鹌鹑传染病的发生主要通过传染来源、传播途径和易感鹑群所引起，三者缺一则传染病不易扩散，即使个别鹌鹑感染了传染病也容易控制。

一、传染来源

传染来源是指某种传染病的病原体在其中寄居、生长、繁殖并能排出体外的动物机体。鹌鹑传染病的来源主要指受感染的病鹑或其他患病的动物，包括无症状隐性感染的动物。在鹌鹑生产中，最为常见的传染来源主要包括以下几种。

1. 病鹑和病死鹑

病鹑和病死鹑是最为重要的传染来源之一，尤其在急性发病过程或者病程转剧阶段的病鹑，可从其粪便或其他分泌物中排出大量致病力强的病原体，为了控制和消灭传染源，一旦发现病鹑必须立即淘汰或隔离，对病死鹑的尸体要严格进行深埋或焚烧等无害化处理。

2. 病原携带者

指外表无明显症状但携带并排出病原的病鹑，其中有潜伏期病原携带者、恢复期病原携带者和健康体况病原携带者（隐性带菌带毒者）。根据不同的病原携带者，应采取全进全出、限制移动、隔离消毒、检疫淘汰等不同的措施，特别是那些外表健康的种鹑，可能携带沙门菌病、大肠杆菌病等病原体，并可通过胚胎将这些疾病垂直传播给下一代，所以要重视种群的饲养管理和保健，定期进行检疫，及时淘汰检验出的阳性病鹑。

二、传播途径

指病原体由传染源（病鹑或病禽）排出体外后，经过一定的方式再侵入到其他易感鹌鹑的途径。

1. 经孵化室传播

由于病原体污染种蛋表面或种蛋内部，如曲霉菌、沙门菌等，

可使雏鹑于出壳前或出壳后即被感染。

2. 经空气传播

经空气传播的传染病一般以冬、春寒冷季节多见，如新城疫、慢性呼吸道病、鹌鹑支气管炎等。主要是由于鹌鹑的密集饲养，加之鹑舍通风不良，某些存在于病鹑呼吸道内的病原体可通过喷嚏、咳嗽或呼吸引起的飞沫传染；同时某些存在于环境中的病原体，以尘埃为载体，飘浮在空气之中，造成呼吸道感染。

3. 经消化道传播

当病鹑的分泌物、排泄物、尸体污染了水源、饲料或饮水，饲料霉变，则许多传染病、寄生虫病和中毒性疾病都可从口而入。所以，防止饲料的污染、注意饮水卫生，对鹌鹑的保健十分重要。

4. 经羽毛、皮屑传播

有些病原体可存在于病鹑的羽毛囊或皮屑中，并且对外界环境有较强的抵抗力，往往可存活数日，一旦遗留在鹑舍内的角落或缝隙中，不易清扫，消毒药液也不能进入，这种被遗忘的角落存在着潜伏传播疾病的危险，如马立克病、传染性法氏囊病等可通过此种途径传播。

5. 经鹑场内的设备、用具传播

多见于一些中小型鹑场。如几个鹑群共用一套清洁工具，有的场饲料袋反复使用，有的场蛋箱、鹑笼、运输车辆等不经消毒，在场内外循环使用，成为许多传染病的传播工具。

6. 经鹑只混群传播

有些鹑病，成年鹑有耐受性，或许经过免疫接种，有一定的抵抗力，有的呈隐性感染，不表现出任何症状，但可成为带菌者、带毒者或带虫者，而这些病原体对幼鹑却十分敏感，当大小鹑混群时，往往引起某些疾病暴发，如马立克病、新城疫、球虫病等。

7. 经活的媒介传播

活的媒介含义很广，如鼠、猫、麻雀、蚊、蝇、虱、蚂蚁、蚯蚓和甲壳虫类等动物，包括人类都可能成为机械性传播病原者，有的还可以在其体内繁殖，成为传播媒介。饲养人员、兽医工作者、外来人员或参观者随意进入鹌场或接触鹌鹑，如果是有疫病的鹌场，这些人就有可能不知不觉地被病原体污染了手、衣服、鞋靴以及身体表面，常常在疾病传播中起着十分重要的作用。尤其是接触过病死鹌或从疫区过来的人员，则危险性更大，是鹌群暴发急性传染病的一个重要因素。

三、易感鹌群

易感鹌群是指对病原体没有抵抗力的鹌群。鹌鹑对于每种传染病病原体感受性的大小或鹌群中易感个体所占的百分率高低，直接影响到传染病能否在鹌群中流行或造成危害的程度。鹌鹑对传染病的易感性取决于下列因素。

1. 鹌群的饲养管理水平

不良的饲养管理条件如营养不良、拥挤、寒冷、闷热、频繁应激及粪便污染等因素，均能使鹌鹑的抵抗力下降，对疾病的易感性增加。

2. 鹌鹑群中存在慢性病

一些慢性疾病如寄生虫病、大肠杆菌、沙门菌病等能增加鹌鹑对急性传染病的易感性，增加传染病暴发的概率。

3. 群体差异

不同品种、品系及不同日龄的鹌鹑对某些传染病的抵抗力有一定差别。一般来说，高产鹌比低产鹌的抵抗力弱，成年鹌对某些疾病较幼鹌的抵抗力强，但幼鹌往往可从卵黄抗体中获得被动免疫，对某些传染性疾病有一定的抵抗力。

4. 鹌鹑的防御器官受损

鹑体的防御器官和功能受到损害，则增加了鹌鹑对疾病的易感性，如法氏囊对幼鹑的免疫功能起着决定性的作用，若法氏囊受到损害，即可影响免疫功能。鹌鹑的皮肤受损，则病原微生物容易侵入，诱发葡萄球菌病。某些药物用量过多（如氯霉素），会破坏白细胞，使抵抗力下降。

5. 疫苗接种的质量

鹌鹑某些传染病可以用疫苗进行免疫接种，其免疫效果的好坏，与疫苗种类、质量、免疫接种技术、防疫密度以及免疫程序合理与否等因素有关，搞好免疫接种是提高鹑群抗病力一个十分重要的环节。

第二节　鹌鹑场的一般防疫措施

一、检疫、隔离与封锁

1. 检疫

即应用各种诊断方法对鹌鹑及其产品进行疫病检查。在饲养、交易、收购、运输、宰杀过程中，可通过检疫时发现病鹑，并采取相应的措施，防止疫病发生和传播，这是一项重要的经常性的防疫措施。从广义上讲，检疫应由专门的政府专职机构来执行并以法规为依据，这里指的是以保护本场鹑群的健康为目的鹑场内部检疫，包括以下几个方面的工作。

（1）种鹑场要定期进行检疫，对垂直传播的疾病如白痢病、慢性呼吸道病等呈阳性反应的鹌鹑，一律不得作为种用。

（2）从外地引进雏鹑或种蛋，必须了解产地的疫情和饲养管理情况，要求无垂直传播的疾病。对种鹑和雏鹑都要定期抽样采血，进行新城疫抗体的检测，以便调整免疫程序。

（3）对鹌鹑的饮用水及各类鹌用的饲料，特别是鱼粉、骨肉粉等动物性饲料进行细菌学检查，若细菌含量超标或污染了有害因素，不得使用。

（4）定期对孵化过程中的死胚、出雏机中残留的蛋壳、绒毛以及鹌舍、笼具清洁消毒，在消毒前后都要采样进行细菌学检查，以确定死胚的原因，了解孵化机被污染的程度以及消毒的效果，便于及时采取相应的措施。

2. 隔离

通过各种检疫方法和手段，将病鹌和健康鹌区分开来，分别饲养，其目的是为了控制传染源，防止疫情继续扩大，以便将疫情限制在最小的范围内，就地扑灭，同时也便于对病鹌的治疗和对健康鹌开展紧急免疫接种或药物预防等措施。

隔离的方法应根据疫情和鹌场的具体条件区别对待，一般分为3类。

（1）病鹌。包括有典型症状和类似症状或经其他特殊检查查出的阳性病鹌，是危险的传染源。若为非烈性传染病，则应根据有关规定和条例认真处理；若是一般疾病则进行隔离。仅有少量病鹌，可将病鹌剔除隔离；若病鹌数量较多，应将病鹌留在原舍。

（2）可疑感染群。未发现任何临床症状，但曾与病鹌同舍、同笼或有过密切的接触，这类鹌有可能处于疾病的潜伏期，因此也要隔离，并使用药物预防或紧急免疫接种。

（3）假定健康鹌。除上述两类外，鹌场内其他鹌均属此类，也要注意隔离，加强消毒工作，采取各种紧急防疫措施。

3. 封锁

当鹌场暴发某些严重的烈性传染病（如新城疫、鹌鹑支气管炎等）时，应严密封锁，限制人员、动物和动物产品进出鹌场或

村庄，对病死鹑要做深埋或焚烧等无害化处理，对鹑舍及周围环境进行彻底消毒。

以上的封锁措施是对一般的鹑场或村庄而言，若是种鹑场或大型鹑场，即使在无疫病流行情况下，也应与外界处于隔离状态。

二、消毒

消毒是指通过物理、化学或生物学方法杀灭或清除环境中病原体的技术或措施。它可将养殖场、交通工具和各种被污染物体中病原微生物的数量减少到最低或无害的程度。通过消毒能够杀灭环境中的病原体，切断传播途径，防止传染病的传播和蔓延。根据消毒的目的可将其分为预防性消毒、随时消毒和终末消毒。

（一）消毒的主要方法和作用机制

消毒方法可概括物理消毒法、化学消毒法和生物热消毒法。

1. 物理消毒法

是指通过机械性清扫、冲洗、通风换气、高温、干燥、照射等物理方法，对环境和物品中病原体的清除或杀灭。

（1）机械性清扫、洗刷。通过机械性清扫、冲洗等手段清除病原体，是最常用的消毒方法，也是日常的卫生工作之一。采用清扫、洗刷等方法，可以除去圈舍地面、墙壁以及家禽体表污染的粪便、垫草、饲料等污物。随着这些污物的消除，大量病原体也被清除。

（2）日光、紫外线和其他射线的辐射日光暴晒。是一种最经济、有效的消毒方法，通过其光谱中的紫外线以及热量和干燥等因素的作用能够直接杀灭多种病原微生物。在直射日光下经过几分钟至几小时可杀死病毒和非芽孢性病原菌，反复暴晒还可使带芽孢的菌体变弱或失活。因此，日光消毒对于被传染源污染的牧场、草地、动物圈舍外的运动场、用具和物品等具有重要的实际意义。

（3）高温灭菌。是通过热力学作用导致病原微生物中的蛋白质和核酸变性，最终引起病原体失去生物学活性的过程，它通常分为干热灭菌法和湿热灭菌法。禽场消毒常用火焰烧灼灭菌法。火焰烧灼灭菌法的灭菌效果明显，使用操作也比较简单。当病原体抵抗力较强时，可通过火焰喷射器对粪便、场地、墙壁、笼具、其他废弃物品进行烧灼灭菌，或将动物的尸体以及传染源污染的饲料、垫草、垃圾等进行焚烧处理；全进全出制动物圈舍中的地面、墙壁、金属制品也可用火焰烧灼灭菌。

2. 化学消毒法

在疫病防治过程中，常常利用各种化学消毒剂对病原微生物污染的场所、物品等进行清洗、浸泡、喷洒、熏蒸，以达到杀灭病原体的目的。消毒剂是消灭病原体或使其失去活性的一种药剂或物质。各种消毒剂对病原微生物具有广泛的杀伤作用，但有些也可破坏宿主的组织细胞。因此，通常仅用于环境的消毒。

（1）消毒药的作用机制。即杀菌方式，最基本的有以下3种：①破坏菌体壁。就是将菌体称为细胞壁或细胞膜的外壁破坏穿孔，导致细菌死亡。②使菌体蛋白质变性。用消毒药使菌体蛋白质变性，因灭活而失去生命。③包围菌体表面。阻碍其呼吸，使细菌不能进行气体交换等代谢活动而死亡。

（2）消毒剂的选择。临床实践中常用的消毒剂种类很多，根据其化学特性分为酚类、醛类、醇类、酸类、碱类、氮制剂、氧化剂、碘制剂、染料类、重金属盐和表面活性剂等，进行有效与经济的消毒须认真选择适用的消毒剂。优质消毒剂应符合以下各项要求：①消毒力强。药效迅速，短时间即可达到预定的消毒目标，如灭菌率达99%以上，且药效持续的时间长。②消毒作用广泛。可杀灭细菌、病毒、霉菌、藻类等有害微生物。③可用各种方法进行消毒。如饮水、喷雾、洗涤、冲刷等。④渗透力强。能透入裂隙

及鹌粪、蛋的内容物、尘土等各种有机物内杀灭病原体。⑤易溶于水。不受水质硬度和环境中酸碱度变化影响药效。⑥性质稳定。不受光、热影响，长期存贮效力不减。⑦对人禽安全、无臭、无刺激性、无腐蚀性、无毒性、无不良副作用。⑧经济。低浓度也能保证药效。

（3）保证消毒效果的措施。最主要的是用有效浓度的消毒药直接与病原体接触。

一般的消毒药会因有机物的存在而影响药效。因此，消毒之前必须尽量去掉有机物等，为此，须采取以下一些措施：①清除污物。当病原体所处的环境中含有大量的有机物如粪便、脓汁、血液及其他分泌物、排泄物时，由于病原体受到有机物的机械性保护，大量的消毒剂与这些有机物结合，消毒的效果将大幅度降低。所以，在对病原体污染场所污物等进行消毒时，要求首先清除环境中的杂物和污物，经彻底冲刷、洗涤完毕后再使用化学消毒剂。②消毒药浓度要适当。在一定范围内，消毒剂的浓度愈大，消毒作用愈强，如大部分消毒剂在低浓度时只具有抑菌作用，浓度增加才具有杀菌作用。但消毒剂的浓度增加是有限度的，盲目增加其浓度不一定能提高消毒效力，如体积分数为70%的乙醇溶液的杀菌作用比无水乙醇强。如稀释过量，达不到应有的浓度，则消毒效果不佳，甚至起不到消毒的作用。③针对微生物的种类选用消毒剂。微生物的形态结构及代谢方式不同，对消毒剂的反应也有差异。如革兰阳性菌较易与带阳离子的碱性染料、重金属盐类及去污剂结合而被灭活；细菌的芽孢不易渗入消毒剂，其抵抗力比繁殖体明显增强等；各种消毒剂的化学特性和化学结构不同，对微生物的作用机理及其代谢过程的影响有明显差异，因而消毒效果也不一致。④作用的温度及时间要适当。温度升高可以增强消毒剂的杀菌能力，而缩短消毒所用的时间。如当环境温度提高

10℃，酚类消毒剂的消毒速度增加8倍以上，重金属盐类消毒速度增加2~5倍。在其他条件都相同时，消毒剂与被消毒对象的作用时间愈长，消毒的效果愈好。⑤控制环境湿度。熏蒸消毒时，湿度对消毒效果的影响很大，如过氧乙酸及甲醛熏蒸消毒时，环境的相对湿度以60%~80%为最好，湿度过低时能大大降低消毒的效果。而多数情况下，环境湿度过高会影响消毒液的浓度，一般应在冲洗干燥后喷洒消毒液。⑥消毒液酸碱度要合适。碘制剂、酸类、来苏儿等阴离子消毒剂在酸性环境中的杀菌作用增强，而阳离子消毒剂如新洁尔灭等则在碱性环境中的杀菌力增强。

3. 生物热消毒法

是指通过堆积发酵、沉淀池发酵、沼气池发酵等产热或产酸，以杀灭粪便、污水、垃圾及垫草等内部病原体的方法。在发酵过程中，由于粪便、污物等内部微生物产生的热量可使温度上升达70℃以上，经过一段时间后便可杀死病毒、病原菌、寄生虫卵等病原体，从而达到消毒的目的；同时由于发酵过程还可改善粪便的肥效，所以生物热消毒在各地的应用非常广泛。

（二）消毒的程序

根据消毒的类型、对象、环境温度、病原体性质以及传染病流行特点等因素，将多种消毒方法科学合理地加以组合而进行的消毒过程称为消毒程序。

1. 禽舍的消毒

禽舍消毒是清除前一批家禽饲养期间累积污染最有效的措施，使下一批家禽开始生活在一个洁净的环境。以全进全出制生产系统中的消毒为例，空栏消毒的程序通常为：粪污清除、高压水枪冲洗、消毒剂喷洒、干燥后熏蒸消毒或火焰消毒、再次喷洒消毒剂、清水冲洗、晾干后转入动物群。

（1）粪污清除。鹌鹑全部出舍后，先用消毒液喷洒，再将舍

内的禽粪、垫草、顶棚上的蜘蛛网、尘土等扫出禽舍。平养地面黏着的禽粪，可预先洒水等软化后再铲除。为方便冲洗，可先对禽舍内部喷雾、润湿舍内四壁、顶棚及各种设备的外表。

（2）高压冲洗。将清扫后舍内剩下的有机物去除以提高消毒效果。冲洗前先将非防水灯头的灯用塑料布包严，然后用高压水龙头冲洗舍内所有的表而，不留残存物。彻底冲洗可显著减少细菌数。

（3）干燥喷洒。消毒药一定要在冲洗并充分干燥后再进行喷洒。干燥可使舍内冲洗后残留的细菌数进一步减少，同时避免在湿润状态使消毒药浓度变稀，有碍药物的渗透，降低灭菌效果。

（4）喷洒消毒剂。用电动喷雾器其压力应达 $30kg/cm^2$。消毒时应将所有门窗关闭。

（5）甲醛熏蒸。禽舍干燥后进行熏蒸。熏蒸前将舍内所有的孔、缝、洞、隙用纸糊严，使整个禽舍内不透气，禽舍不密闭影响熏蒸效果。每平方米空间用福尔马林溶液 18ml、高锰酸钾 9g，密闭 24 小时。经上述消毒过程后，进行舍内采样细菌培养，灭菌率要求达到 99% 以上；否则再重复进行药物消毒—干燥—甲醛熏蒸过程。育雏舍的消毒要求更为严格，平网育雏时，在育雏舍冲洗晾干后用火焰喷枪灼烧平网与铁质料槽等，然后再进行药物消毒，必要时需清水冲洗、晾干或再转入雏禽。

2. 设备用具的消毒

（1）料槽、饮水器。塑料制成的料槽与自流饮水器，可先用水冲刷，洗净晒干后再用 0.1% 新洁尔灭刷洗消毒。在禽舍熏蒸前送回去，再经熏蒸消毒。

（2）蛋箱、蛋托。反复使用的蛋箱与蛋托，特别是运到销售点又返回的蛋箱，传染病原的危险性很大，因此，必须严格消毒。

用 2% 氢氧化钠热溶液浸泡与洗刷，晾干后再送回禽舍。

（3）鹌鹑笼。送鹌鹑到屠宰厂的鹑笼，最好在屠宰厂消毒后再运回，否则应在场外设消毒点，将运回的笼冲洗晒干再消毒。

3. 环境消毒

（1）消毒池。用 2% 氢氧化钠溶液，池液每天换一次；用 0.2% 新洁尔灭每 3 天换一次。大门前通过车辆的消毒池宽 2m、长 4m，水深在 5cm 以上，人与自行车通过的消毒池宽 1m、长 2m，水深在 3cm 以上。

（2）禽舍间的隙地。每季度先用小型拖拉机耕翻，将表土翻入地下，然后用火焰喷枪对表层喷火，烧去各种有机物，定期喷洒消毒药。

（3）生产区的道路。每天用 0.2% 次氯酸钠溶液等喷洒一次，如当天运家禽则在车辆通过后再消毒。

4. 带鹑消毒

鹑体是排出、附着、保存、传播病菌、病毒的根源，是污染源也会污染环境，因此，须经常消毒。带鹑消毒多采用喷雾消毒。

（1）喷雾消毒的作用。杀死和减少鹑舍内空气中飘浮的病毒与细菌等，使鹑体体表（羽毛、皮肤）清洁。沉降鹑舍内飘浮的尘埃，抑制氨气的发生和吸附氨气，使鹑舍内较为清洁。

（2）喷雾消毒的方法。消毒药品的种类和浓度与鹑舍消毒时相同，操作时用电动喷雾装置，每平方米地面 60～180ml，每隔 1～2 天喷 1 次，对雏鹑喷雾，药物溶液的温度要比育雏器供温的温度高 3～4℃。当鹑群发生传染病时，每天消毒 1～2 次，连用 3～5 天。

5. 消毒时应注意的问题

（1）鹑舍大消毒，应将鹑舍内的鹌鹑全部清出后才能进行。

（2）机械清扫是搞好消毒工作的前提。试验结果表明，用清

扫的方法可使鹑舍内的细菌减少21.5%，如果清扫后再用清水冲洗，则鹑舍内的细菌数能再减少50%~60%。清扫、冲洗后再加消毒药液喷雾，鹑舍内的细菌数可减少90%以上，这样才能达到消毒的要求。

（3）影响消毒药作用的因素很多，一般来讲，消毒药的浓度、温度及作用时间与消毒效果成正比，即消毒药物浓度越大，温度越高，作用时间越长，其消毒效果越好。

（4）有些消毒药具有挥发性气味，如福尔马林、来苏儿等；有些消毒药对人及鹑的皮肤有刺激性，如氢氧化钠等。因此，消毒后不能立即进鹑，应给予无害处理后才能进鹑。

（5）几种消毒药不能混合使用，以免影响药效。但对同一消毒对象，将几种消毒药先后交替使用，能提高消毒效果。

（6）每种消毒药的消毒方法和浓度应按说明书的要求使用，对于某些有挥发性的消毒药，应注意其保存方法是否适当，保存期是否已超期，否则将影响消毒效果。

（7）有条件的鹑场应对消毒药的消毒效果进行细菌学测定。

三、疫苗与免疫接种

疫苗是一种特殊的生物制品，是对禽群实施免疫接种的武器，也是禽群产生对某一传染病免疫力的起动剂。它是根据免疫学的原理，利用病原微生物本身或其生长繁殖过程中的产物为基础，经过科学加工处理制成的，它不同于一般化学药品，而是通过免疫接种使家禽产生抵抗力，免于感染某种特有的传染病。疫苗的种类很多，按毒株的强弱可分为弱毒苗和强毒苗；按剂型分为活苗和死苗；按制作方法又可分为冻干、液体苗、干粉苗、油剂苗、组织苗、佐剂苗等。后来又有了多价苗和联苗。随着科学技术的发展，新一代的亚单位疫苗、基因工程疫苗、合成肽疫苗等也受到了人们的重视。此外，寄生虫病的疫苗（球虫等）也已进入生产领域。

（一）疫苗接种的方法

（1）肌肉注射。用注射器将疫苗注射到胸肌、腿肌和翼肌部位，注射疫苗时针头与皮肤夹角为45°，不能垂直注射。

（2）皮下注射。用注射器将疫苗注射到颈部或腿部皮下。皮下接种疫苗时，用左手食指和拇指把皮肤提起，将针头平着插入注入疫苗，两手指中若有膨胀感，说明疫苗已准确注入。

（3）滴鼻。用滴管或滴瓶将稀释好的疫苗滴入鼻孔，让鹌鹑吸入。

（4）点眼。用滴管或滴瓶将稀释好的疫苗点到鹌鹑的眼睛内。

（5）滴口。用滴管或滴瓶将疫苗滴入鹌鹑口腔内，使其喝下，达到预防目的。

（6）刺种。用刺种针或用蘸笔尖蘸取疫苗在翅膀内侧血管稀少地方刺种两下即可。

（7）饮水。将疫苗直接加入到水中饮用。

（8）喷雾。用专用喷雾器把疫苗对准鹌鹑头部喷雾。喷雾接种时应关闭舍内风机，防止舍内浓度降低，影响疫苗效果，使疫苗充分吸入鹌鹑鼻腔内。

（二）疫苗稀释

（1）疫苗稀释量的确定。按每只鹌鹑用量0.2～0.5ml进行肌肉或皮下注射，可以计算出每瓶疫苗的稀释剂量。在滴鼻、点眼和滴口时可先用注射器吸收2ml凉开水，测定出每毫升水滴多少滴，如果一只鹌鹑滴3滴，就可计算出每瓶疫苗稀释多少毫升。

（2）稀释。①稀释前接种和稀释疫苗的用具应彻底消毒；②用稀释液反复冲洗疫苗瓶，使其疫苗瓶内疫苗全部取出，使接种量充

足；③轻轻振荡，使疫苗与稀释液混合均匀。

（三）鹑用疫苗接种时注意事项

（1）生物药品怕热，特别是活疫苗必须低温冷藏，防止保存温度忽高忽低。运输时要有冷藏设备，使用时不可将疫苗靠近高温或在阳光下暴晒。

（2）使用前要逐瓶检查，注意疫苗瓶的封口是否严密，有无破损，瓶签上有关疫苗的名称、有效日期、剂量等记载是否清楚，用后要记下疫苗的批号、检验号和生产厂家，若疫苗出现质量问题便于追查。

（3）注意消毒。生物药品使用的器材，如注射器、针头、滴管、稀释液瓶等，都要事先洗净，并经煮沸消毒后方可使用。针头要做到注射1笼或10～20只鹑换1个，切勿用1个针头注射到底。在疾病流行的鹑群，应实行每只鹑换1个针头。吸取疫苗液时，若1次不能吸完，不要拔出疫苗瓶子上的针头，一则便于继续吸取，二则避免污染瓶内的疫苗。

（4）需稀释后使用的疫苗，要根据每瓶规定的头份用稀释液进行稀释。无论是生理盐水，还是缓冲盐水、蒸馏水或铝胶盐水，都应与疫苗一样要求瓶内无异物、杂质，并在冷暗处存放。已经打开瓶塞的疫苗或稀释液，须当天用完，否则应废弃。切忌用热的（40℃以上）稀释液稀释疫苗。

（5）饮水免疫时，首先要注意水质，若用自来水，应先积蓄缸内隔8小时以上，让其中的氯气蒸发后才能使用，最好加入0.2%脱脂奶。饮水器要有足够的数量，以保证大部分鹑能同时饮到水，盛水的容器要干净，不可用金属容器。饮水免疫前要先停水，夏季停4小时，冬季停6小时。每只鹑的免疫饮水量，按个体大小为5～15ml，要求在半小时内饮完。

（6）必须执行正确的免疫程序。预防不同的传染病，应使用不同的疫苗，即使预防同一种传染病，也要根据具体情况选用不同毒株或类型的疫苗。对于新城疫，应根据抗体检测的结果，制定出合理的免疫程序。

（7）要了解和掌握本地区和本场传染病流行的情况，以便有的放矢地使用疫苗。鹌鹑必须在健康的状况下接种疫苗才能发挥作用，正在发病或不健康的鹌鹑不宜接种疫苗。

（8）紧急预防接种。如鹌鹑中发现新城疫等急性传染病，可进行紧急预防接种，但须剔除病鹑。要做到只只更换针头，即便如此，可能有部分处于潜伏期的病鹑得不到保护。

（9）免疫接种后要搞好饲养管理，减少应激因素。一般于接种后5~14天才能使机体产生一定的免疫力，在这段时间要注意饲喂全价饲料，防止病原入侵，减少应激因素（如寒冷、闷热、拥护、通风不良、氨气过浓等），使机体产生足够的免疫力。

（10）疫苗的保存期。各种不同类型的疫苗其保存期和保存方法是不同的，一般来讲，活疫苗应低温冷冻保存，灭活疫苗在4℃左右为宜。

（四）鹌鹑的免疫程序

鹌鹑与鸡、鸭、鹅等家禽一样，可能发生多种传染病，合理的免疫程序可以发挥疫苗应有的作用。目前，我国尚未研制和生产鹌鹑专用的疫苗，生产中多使用鸡或其他家禽的疫苗来预防，如鸡新城疫疫苗能产生应有的免疫效果。生产中须结合鹌鹑不同品种的生长特点、疾病的种类、疫苗性质、免疫有效期、鹑体免疫状况等制订免疫计划的具体实施程序，包括所用的疫苗种类、免疫接种对象、接种时间、方法、剂量、次数等。商品肉鹑、商品蛋鹌鹑及种用鹌鹑的参考免疫程序见表7-1~表7-3。

表7-1　商品肉鹑参考免疫程序

序号	日龄	免疫项目	疫苗名称	接种方法
1	10	新城疫	新城疫Ⅱ系或Ⅳ系冻干苗	饮水、点眼或滴鼻
2	25	新城疫	新城疫Ⅱ系或Ⅳ系冻干苗	饮水

表7-2　商品蛋鹌鹑参考免疫程序

序号	日龄	免疫项目	疫苗名称	接种方法	说明
1	1	马立克病	HVT疫苗	颈部皮下注射1头份	需专用稀释液稀释
2	10	新城疫	Ⅳ系苗	点眼	用量同鸡
3	18	传染性法氏囊病	弱毒苗	饮水	
4	25	新城疫	油乳剂灭活苗	颈部皮下注射0.2ml	
5	60	禽霍乱	油乳剂灭活苗	皮下注射0.2ml	

表7-3　种用鹌鹑参考免疫程序

序号	日龄	免疫项目	疫苗名称	接种方法
1	1	马立克病	HVT疫苗	颈部皮下注射1头份
2	5	大肠杆菌病	油乳剂多价灭活苗	皮下注射0.2ml
3	12	新城疫	Ⅳ系苗	点眼
4	18	传染性法氏囊病	弱毒苗	饮水
5	28	传染性法氏囊病	弱毒苗	饮水
6	30	新城疫	Ⅳ系苗	饮水
7	60	禽霍乱	油乳剂灭活苗	皮下注射0.2ml
8	90	禽霍乱	油乳剂灭活苗	皮下注射0.3ml
9	120	新城疫	Ⅳ系苗	点眼

第三节　鹌鹑常见病的防治

一、新城疫（ND）

由新城疫病毒引起的一种急性败血性传染病，又名亚洲鸡瘟。主要存在于病鹑体内，通过口鼻分泌物、粪便污染环境。本病的特点为：发热，体温升高，呼吸困难，严重下痢，神经紊乱；常见到的败血症病变为黏膜、浆膜出血。本病传播快，具有很高的发病率和死亡率，会给养鹑业带来严重的经济损失。

【症状】鸡对本病最敏感，鹌鹑、鸽、火鸡也能感染，一年四季都可发生。

病鹑表现精神沉郁，食欲下降或废绝，产蛋下降，软壳蛋、白壳蛋增多，拉绿色或白色粪便，呼吸困难，叫声减弱，流涎。少数病鹑后期头向后或向一侧斜颈、转圈，站立不稳。也有呈犬坐姿势，两翅下垂。耐过鹑留有瘫痪等后遗症。蛋鹑的产蛋量明显下降，并出现白壳无花纹蛋、软壳蛋、小个蛋等异常蛋。

【病变】病鹑主要病变为出血性败血症，尤其腺胃乳头有点状出血，十二指肠与空肠黏膜弥漫性出血；肝脏肿大，呈暗红色或有黄色条纹；脑膜充血，大脑实质内有针尖大出血点；脾脏肿大，呈暗红色；卵巢有明显的出血点。

【诊断】结合特征性临诊症状及病理变化，一般可做出初步诊断。

【防治】本病目前尚无特效药物治疗。

为防止本病的发生，须加强饲养管理，搞好环境卫生工作。鹑舍要定期消毒，饲槽、饮水器等用具要经常洗刷，保持清洁。一般每半个月用1%～2%热氢氧化钠溶液进行一次彻底消毒。鹑

的粪便必须堆积发酵，方可用作肥料。严禁在鹑场内捕杀病鹑，防止一切带病毒动物和污物进入鹑场。新购入的鹌鹑必须隔离饲养，观察 20 天以上，确认健康后，方可进入场内。对病鹑应及早淘汰。对其他假定健康鹑立即用鸡新城疫Ⅳ系苗进行紧急免疫接种，每只鹑肌肉注射 2 头份。接种时，先从无症状的开始，最后注射病鹑。注射针头，应每只鹑使用 1 个。发病场地应严格消毒，病死鹑应焚烧深埋，严格防止病毒扩散。

大、中型鹑场应适时监测母源抗体和免疫抗体（HI），根据抗体水平适时进行免疫。首次免疫在 10 日龄进行（Ⅳ系苗点眼、滴鼻），经 10 ~ 15 天后进行二次免疫（Ⅳ系苗饮水），若是蛋鹑和种鹑，于产蛋前 2 周用新城疫油乳剂苗皮下注射 0.2ml，可获得较有效的免疫力，并含有较高的母源抗体，使该种鹑产的蛋孵出的幼鹑，在 2 周内可获得被动免疫。

二、禽流感

禽流感是由 A 型流感病毒引起的一种烈性传染病。该病 2003 年以来先后在亚洲、欧洲、非洲、美洲等 20 多个国家和地区暴发流行，给养禽业造成了巨大的经济损失。该病在气温转变时期多发，特别是在暴冷、暴热，鹌鹑舍内外温差过大时最易发生。发病高，传播快，往往暴发性流行。对尚未换毛的幼鹑，由于缺少脂肪，吸水性大，在雨中淋湿后体温下降，很容易感冒致病。成年鹑在秋季换毛时，换毛结束后体质下降，也容易得此病。突然受热受冷引起的发病，发病率较高，主要通过消化道、呼吸道途径感染。通常发病后几小时至 5 天左右死亡，死亡率可达 50% ~ 100%。大群规模养殖，如果在冬季门窗紧闭，通风不良，室内污浊空气不能及时排出，室外新鲜空气不能进入室内，很容易诱发此病。如果通风良好，空气清新，温度适宜，鹌鹑抗病力强，有可能会避免感染此病。

【症状】潜伏期一般为 3 ~ 5 天，常无先兆性症状而突然暴发死亡。病程稍长的会出现体温升高，一般表现为病鹌精神萎靡、羽毛松乱，部分病鹌眼、鼻有分泌物，泄殖腔四周有粪便污染，严重者站立不稳，卧于笼侧，并见到几例呈头颈"S"状弯曲、两腿劈叉状的典型神经症状病例。笼底和地板上有较多黄白色稀粪便，有的出现灰绿色或红色下痢和神经症状。慢性经过的鹌鹑以咳嗽、喷嚏、呼吸困难等呼吸道症状为特征。

【病变】可见有不同程度的充血和出血。病程短的，一般可见胸骨内侧及胸肌、心包膜有出血点，有时腹膜、嗉囊、肠系膜、腹脂与呼吸道黏膜有少量出血点。病程较长的，眼结膜肿胀；口鼻内积有黏液；颈部和胸部皮下水肿，有的蔓延至咽喉部周围的组织；肾混浊肿胀，灰棕色或黑棕色并有小的黄色坏死灶；腺胃与肌胃交界处的黏膜也有点状出血；肺充血或小点出血以及肝、脾均有小的黄色坏死灶。

【诊断】根据鹌鹑群病史、临床症状、典型病变情况，在排除其他呼吸道疾病时进行病毒分离鉴定及血清学阳性诊断（琼脂凝胶扩散试验），如属于阳性，即可确诊。

【防治】发现疫情时应将病鹌鹑全部淘汰，立即严密封锁场地，并进行全面彻底消毒，以避免继发感染。

防治本病应从防风、防湿、防拥挤着手，加强饲养管理，保持合理的密度，并做到饲养室通风良好、阳光充足、清洁干燥，做好防寒保温工作。冬天可在鹌鹑的饮水中放点辣椒粉或高粱汁，以使鹌鹑经常保持兴奋状态，且对耐寒很有效。预防中最重要的一点，绝对不能从有本病疫情的场甚至地区引进新鹌。如附近鹌场有本病发生，应该果断地采取严密封锁消毒工作，以免疫情累及本场，这一点也是极为要紧的，切勿忽视。

目前对该病也可接种合适的疫苗，可参考相关文献进行预防。

三、马立克病（MD）

鹌鹑马立克病是由疱疹病毒引起的一种淋巴组织增生性肿瘤疾病，与鸡马立克病相似，病毒在羽毛囊上皮细胞中增殖，随皮屑脱落而传播，呈水平性传染，局限性流行，病毒侵入体内，经10天后引起肿瘤，5个月左右排出病毒，幼鹑最易感，母鹑比公鹑易感。本病潜伏期长，病程长，外部症状不明显，不易引起重视，实际上是一种危害极大的传染病。

【症状】幼鹑对本病易感，但一般要在10周龄后才表现出症状或死亡。病鹌鹑羽毛松乱无光泽，常沾有粪便；表现精神沉郁、多蹲伏于地；食欲减退，不愿采食、饮水，缩颈低头，两腿无力，行走困难，渐进性消瘦。病鹌鹑多见运动障碍，有不少呈一侧翅膀下垂，偶见双脚呈劈叉状的病鹌鹑；大便稀薄，呈淡白色。有的病例在颈部、翅膀、大腿外侧的羽毛囊腔形成结节及小的肿瘤状物。未见有眼部病变。

【病变】内脏型的心、肝、肾、脾、肠及肠系膜、卵巢等脏器发生肿瘤；肌肉肿瘤多发生在胸肌或大腿内侧，呈淡灰粉色；神经型病变可见到受害的周围神经干无光泽、肿胀、呈灰白色或黄白色水肿。

【防治】本病目前尚无特效药物治疗，应以预防为主。种蛋及孵化器必须认真消毒。最好采用福尔马林熏蒸消毒，以防止雏鹑出壳后即被蛋壳上及孵化器中的马立克病毒感染。做好预防接种工作。接种疫苗的时间应在雏鹑出壳后24小时内进行（鹌鹑出壳后注射疫苗越早越好）。疫苗在使用时必须用专门的稀释液进行稀释。注射部位可在大腿外侧或雏鹑头顶后的皮下，稀释的疫苗须在2小时内使用完毕，超过2～4小时，其效价下降

$20\% \sim 80\%$。

在接种疫苗的同时，还要注意雏鹑环境的消毒，切忌大小鹌鹑混群饲养。实行"全进全出"的饲养制度，每出完一批鹌鹑后，对鹑舍、用具及周围环境进行全面彻底消毒。

发现病鹑立即淘汰，严格处理，尤其是种鹑更应加强检疫，及时淘汰处理。

四、鹌鹑支气管炎

本病是由鹌鹑支气管炎病毒引起的一种急性、高度传染性呼吸道疾病。通过自然传播而感染。8周龄以内的鹌鹑易患急性支气管炎。鸡和火鸡对鹌鹑支气管炎病毒是易感的，但不产生临诊症状。

【症状】本病可发生在8周龄以内的鹑群中，尤其在4周龄以内的鹌鹑最易感染，发病率可达100%，病死率通常超过50%。

本病在鹌鹑群中突然发生，传播迅速，其特征性症状为咳嗽、打喷嚏，张口伸颈、呼吸困难、甩头发出怪叫声、鹑群积堆，精神沉郁，食欲减退，也有的出现流泪和结膜症状，但通常不流鼻涕。个别出现神经症状，突然甩翅挣扎死亡，病程 $1 \sim 3$ 周，发病率达100%，死亡率超过50%。

【病变】在病鹑的气管和支气管中有大量的黏液，鸣管处有干酪样栓塞物堵塞，气囊混浊，呈云雾状，眼结膜炎，流泪，鼻窦和眶上窦充血，肝大。

【诊断】在幼鹑中突然出现打喷嚏、咳嗽，并迅速扩散全群、发生死亡。根据病变特点，即可做出初步诊断。

【防治】主要是接种疫苗，7日龄接种新城疫和支气管炎（$\text{IV} \cdot \text{H}_{120}$）二联疫苗，$28 \sim 30$ 日龄接种新城疫和支气管炎（$\text{IV} \cdot \text{H}_{52}$）二联疫苗，同时对鹑舍笼应彻底打扫干净消毒，发病后应立即隔离，以切断传播病源，适当使用抗生素可防止继发感染。有些中草药

制剂，对本病有一定疗效。

五、鹌鹑痘

本病是由鹌鹑痘病毒引起的一种急性传染病。其特征是在皮肤、口角等处出现痘疹，有的在口腔和咽喉部黏膜发生纤维素性坏死炎症。鹑痘主要是通过皮肤或黏膜的伤口传染。鹑群密度过大，过分拥挤，以及殴斗等造成的创伤或蚊子叮咬病鹑后再去叮咬健康鹑，这些都是本病的传播因素。本病多在夏秋季节发生。

【症状】通常在头部、眼睑、喙边及脚等无毛处出现痘形疣状小结节，这些痘状小结节如果长在眼边，可引起流泪，上下眼睑被分泌物粘连而影响采食，严重的可引起化脓、坏死甚至失明。本病为 15 ～ 40 日龄的鹌鹑易发生。

【防治】在平时的饲养过程中，要注意育雏舍的清洁卫生，育雏笼及用具要消毒，发现病鹑及时隔离，加强饲养管理，在每千克饲料中可加土霉素 2g，连喂 5 ～ 7 天，防止继发感染。对痘痂较多的鹑可用镊子轻轻将痂揭除，涂以碘甘油（碘化钾 10g、碘片 5g、甘油 20ml，混合搅拌，再加蒸馏水至 100ml）。

六、溃疡性肠炎

本病是一种急性细菌性传染病，病原为一种厌氧梭状芽孢杆菌。最早发生于鹌鹑，所以也称鹌鹑病。后来发现多种禽类如雏鸡、幼火鸡和野鸟等也可感染发病，并以病变特点称为溃疡性肠炎。本病的特征为突然发生，死亡率高，小肠后段发生出血性肠炎、溃疡和坏死。本病一般呈地方性流行，但有时也呈大面积流行。4 ～ 12 周龄的鹌鹑最易发病。本病主要通过消化道进行传播。苍蝇是本病传播的主要媒介，使用变质饲料，长期阴雨可诱发本病。

【症状】主要表现为食欲不振，排出白色水样粪便。随着病程的发展，病鹑精神委顿、弓背、缩颈、眼半闭、羽毛粗乱无光泽，动作迟钝。病重者体弱而消瘦，一般 3 ~ 5 天死亡。幼鹑死亡率很高，几天内可达 100%。

【病变】肠道壁上有较明显的出血点，特别是十二指肠出血点更为明显。在小肠、盲肠壁上有灰黄色的坏死灶，将其表面坏死组织剥离后，可见溃疡灶。

【诊断】根据病鹑的症状和典型的病变有助于本病的诊断。如肠道坏死、溃疡等，对本病的诊断有实际意义。

【防治】预防本病主要是加强饲养管理，保持鹑舍的清洁卫生，及时清除粪便、垫料，避免因过于拥挤而引起的应激反应。加强鹑舍消毒，可应用各种含氯的消毒剂和 2% 氢氧化钠溶液，连续消毒 2 ~ 3 天。病鹑及时隔离。污染鹑群可用链霉素或杆菌肽混饲，链霉素的含量为每 10kg 饲料中加入 0.6 ~ 1g。杆菌肽每 10kg 加入 1g。氯霉素每 10kg 加入 5g。感染后耐过的鹌鹑是危险的传染源，要隔离饲养或淘汰，不能与健康鹌鹑混群饲养。

七、鹑白痢

本病主要发生在幼鹑，病原为鹑白痢沙门菌，存在于病鹑的肝、肺、肠和心血之中，是常见而且危害很大的一种细菌性传染病。鹌鹑多在出壳后 1 ~ 2 周龄易感染，而且死亡最多。成鹑也会感染，但不表现临床症状。病鹑的粪便带有病菌，凡被病鹑污染的饲料、饮水，通过消化道感染可发病。育雏室温度不稳定，忽高忽低，饲料配合比例不当，饲喂不及时，食槽不清洁，都会降低肠道的抵抗能力，容易导致本病的发生和流行。

耐过本病的母鹑长期带菌，所产的蛋为带菌蛋，若用这种带菌蛋作为种蛋，通过孵化，继而感染雏鹑，又造成环境的污染，则可周而复始地使本病代代相传。

【症状】患白痢病的幼鹑，精神委顿，嗜睡怕冷，翅膀下垂，眼睛闭合，缩颈，常常躲在暗处呆立不动，不愿吃食，羽毛蓬乱，并且排出黄白色或灰白色的糨糊状粪便。病鹑肛门周围羽毛常沾有粪便，有时肛门被粪便堵塞，排便时常发生"吱吱"的尖叫声。

【病变】早期突然死亡的病例，病变轻微。病程较长的病例，肝脏肿大，有条纹状出血。卵黄吸收受阻，卵黄囊内容物变成淡黄色，并呈油脂样或干酪样。在心肌、肝、肺、盲肠、大肠内可见坏死灶或节结。

【诊断】根据2周龄内发病率和死亡率高，结合病变可以进行初步确诊。

【防治】加强饲养管理，保持鹑舍内的清洁卫生。孵化前，对已经孵化过的孵化器用福尔马林和高锰酸钾熏蒸消毒。

本病治疗价值不大，应以预防为主，建立无白痢病种群，发现病雏及时淘汰，并严格执行防疫过程。治疗时，可将呋喃唑酮按0.02%比例拌入干粉料之中，连喂7天为一个疗程。也可用土霉素按0.04%比例拌入干粉料之中，连喂5~7天，效果都比较好。

八、禽巴氏杆菌病

禽巴氏杆菌病是由多杀性巴氏杆菌所引起的禽类一种急性传染病，又称禽霍乱。主要特征是发病急、流行快、体温高、腹泻强烈，粪呈黄绿色，死亡率高。病原菌一般通过气管或上呼吸道黏膜侵入组织，也可通过眼结膜或表皮伤口感染，病鹑的粪便、鼻分泌物、死鹑、带菌鹑及污染的饲料和饮水均能传播本病。各种家禽、观赏禽类、野生禽类、鸟类等均易发本病，死亡率高达75%。

【症状】本病暴发最初阶段，病鹑很快死亡，死前并不显现任何症状。流行后期，体温升高，采食量下降，翅膀下垂，羽毛松乱，常将头藏在翅膀里。有些病鹑表现出呼吸道症状，流黏液，喉部蓄积分泌物，影响呼吸。病鹌频频排出黄色或绿色的稀粪，肛门周围有明显污染。有些病鹌由于病菌侵入趾关节，引起关节肿胀和化脓而出现跛行。

【病变】突然死亡的病鹌，剖检一般看不到什么病变。病程稍长的病鹌，皮下结缔组织、肠系膜、十二指肠等，有大小不等的出血点，肝脏肿大，并有针尖乃至粟粒大小的灰白色坏死点。

【诊断】一般根据临床症状和病变可做出初步诊断。

【防治】鹌舍要做到通风良好，在夏季炎热季节要做好防暑降温工作。在禽巴氏杆菌流行时，严格控制引入种鹌和雏鹌。购买时，必须由无病鹌场购入。新购鹌鹑，必须施行至少2周的隔离饲养，防止带菌鹌进入。

青霉素、链霉素、土霉素和磺胺类药物对本病有效。青霉素1万IU，每隔6小时一次，链霉素1万IU，每日2次，土霉素按0.05%～0.1%的比例混入饲料中喂服5～7天，二甲氧苄啶按0.3%～0.5%的含量混入饲料中喂服，连用5天。预防接种禽霍乱菌苗，发病立即封锁、隔离、消毒；注意饲养管理，以消除发病诱因。

九、曲霉菌病

曲霉菌病通常是指由曲霉菌属真菌引起的肺曲霉菌病，烟曲霉菌是主要的病原菌，此外，黄曲霉菌也极易经空气在鹌鹑群中扩散、传播。曲霉菌病主要由于饲养管理不良而导致鹌群暴发本病，可造成大批死亡。尤其在夏天，采用湿饲法的鹌鹑中更为多见。其传染来自不消毒的孵化器、发霉的饲料、污染的木屑垫料、饮水等。

【症状】鹌鹑急性发病时，开始精神不振，食欲减退或不食，翅膀下垂，羽毛松乱，闭目呈嗜睡状，接着出现呼吸困难、喘气、头颈伸直、张口呼吸等症状，将病鹌鹑捉住放在耳边，可以听到

沙哑的水泡声响，有时摇头打喷嚏。少数病鹌鹑眼、鼻流液，后期下痢，最后倒地，头向后弯曲，昏睡死亡，病程1周左右。如不及时采取措施，死亡率可达50%以上。在发生呼吸困难的同时，有的病鹌鹑一侧或两侧眼睑肿胀，畏光，结膜潮湿，流泪，结膜内有黄白色干酪样凝块，挤压可出，如黄豆瓣大小，严重时眼睑和眼球周围严重肿胀，眼裂闭合，此为霉菌性眼炎。此外，一部分鹌鹑出现运动失调、步态不稳及头颈偏斜等神经症状，此为霉菌性脑炎。较大日龄发病时症状不明显，多为散发，可见张口喘气，冠髯暗红，有时颈部和面部皮下有肿瘤样结节，称为霉菌性肉芽肿。

【病变】最为常见的病变是肺、胸膜腔浆膜上有大头针帽至小米粒大小的霉菌结节，呈灰白色或黄白色，气囊膜变厚、浑浊。肺上有多个结节，使肺组织质地变硬，弹性消失，结节呈灰白色或蛋黄色，柔软有弹性，切开内容物为干酪样，有的结节可互相融合成大的团块。气管、支气管黏膜充血，有淡灰色渗出物。鼻腔有淡黄色分泌物和干酪物充塞。

【诊断】临诊诊断较为困难。一般应根据现场调查、流行特点（环境和饲料发霉）、病理剖检（肺和气管有大小不等的结节或斑块）等做出初步诊断，然后再取病变结节涂片，在显微镜下检查菌丝和霉菌孢子，方能做出确诊。

【防治】不使用发霉的垫料和饲料是防治本病的主要措施。搞好环境卫生，注意调节鹑舍内的温度、湿度、通风等。食槽、饮水器应勤洗涤、消毒，可用消毒液与20%新鲜石灰水交替清毒种鹑舍、笼及地面等。

每100只病鹑每天用制霉菌素150万～200万IU拌在饲料中喂给，连喂5天，并在每5kg饮水中加入水溶性多维素10g及葡萄糖3g，1周后可恢复正常。

十、球虫病

球虫病是一种急性流行性原虫病，病原体是一种单细胞原生动物球虫。危害鹌鹑的有 3 种，均属艾美尔属。传播主要通过粪便，在笼养的情况较少发生。15 ~ 30 日龄雏鹑最易感染，发病率及死亡率都高。15 日龄以前的雏鹑因受到母源抗体的保护，所以发病少。病鹑表现为贫血、消瘦和血痢。急性感染可造成大批鹑死亡；中、轻度感染主要影响鹌鹑生长发育，并降低鹌鹑对其他疾病的抵抗力。温暖多雨季节有利于球虫卵发育，易造成本病流行。

鹌鹑吃了被虫卵污染的饲料、饮水而患病。此外，鹌鹑饲养密度过大，鹑舍潮湿以及饲料中缺乏维生素 A、维生素 K 等也可成为本病的诱因。

【症状】鹌鹑采食量明显下降，出现精神不振，羽毛松乱、反应迟钝；发病鹌鹑头蜷缩，怕冷，闭目呆立；食欲不佳，消瘦无力；下痢，泄殖腔周围羽毛污染严重，粪便中白色尿酸盐减少或消失，呈咖啡色或夹杂黄色混血样，有些为血样粪便，最终以痉挛、昏迷而死亡。

【病变】病变主要发生在盲肠，盲肠黏膜肿胀，有弥散性出血点，呈暗红色；盲肠粗大变硬，充满混有血液的干酪样坏死物质；心、肝、脾、肺、肾未见明显病理变化。

【防治】加强饲养管理，搞好环境卫生，特别是育雏室要彻底消毒。实行笼养和网养，可减少球虫病的发生。防治的药物很多，一般都放在饲料或饮水中投服。为了防止产生耐药性，应经常更换药物。常用的几种治疗药物有以下几种。

球痢灵：治疗量每 10kg 饲料中加入球痢灵 0.2g，连用 3 ~ 5 天。预防量减半。

盐霉素（优素精）：预防量每 10kg 饲料加入 0.5g，长期服用，

无须休药期。

氯苯胍：以 30mg/kg 比例加入饲料中。

十一、灰脚病

鹌鹑的灰脚病是由寄生在鹑身上的螨引起的。

【病原】灰脚病的病原是一种极细小的螨，称突变膝螨，寄生在鹌鹑脚部，在其皮下产卵并发育成成虫。

【症状】突变膝螨寄生于脚部皮肤鳞片下面，引起皮肤发炎，炎性渗出物干后，形成一种灰白色或灰黄色痂块，外观似涂上了一层石灰状，故有"石灰脚病"之称。严重时可引起关节肿胀，趾骨变形，脚呈畸形，行走困难，病鹑食欲减退，生长受阻，产蛋量下降。

【防治】不要和鸡在同一饲养场内饲养，平时注意环境卫生，发现病鹑，立即隔离饲养。

病鹑可用温水洗去脚上的痂皮，然后用 0.1% 敌百虫溶液浸泡 4～5 分钟，杀死虫体。病状严重者，间隔 2～3 周，再药浴 1 次。也可用 4% 的硫黄软膏涂抹，每天 2 次，连用 3～5 天。

十二、维生素 A 缺乏症

鹌鹑维生素 A 缺乏症是由于日粮中维生素 A 长期供给不足或消化吸收障碍，而引起的以黏膜、皮肤上皮角质化，生长停滞，夜盲症、干眼病等为主要特征的营养代谢性疾病。

维生素 A 在保持鹌鹑的正常生长发育、维持正常视觉和黏膜完整性方面起着重要作用。因为鹌鹑本身不能合成维生素 A，必须从饲料中采食维生素 A 或类胡萝卜素，如果饲料中发生缺乏，就会引起严重的缺乏症。通常情况下，引起维生素 A 缺乏的原因如下：

（1）维生素 A 性质不稳定，非常容易氧化失活，所以在饲料加工工艺条件不当时，损失很大。

（2）不同生理阶段的鹌鹑，对维生素 A 的需要量不同，如果在配制饲料时未能补充足够的维生素 A 也会发生维生素 A 缺乏症。

（3）饲料存放时间过长或饲料发霉，造成饲料中维生素 A 和类胡萝卜素破坏。

（4）胃肠道、肝胆疾病影响饲料中维生素 A 的吸收和利用。

【症状】雏鹑缺乏维生素 A 时，在 1 周龄左右可出现症状，表现精神不振、羽毛松乱、逐渐消瘦、生长停滞、运动失调。本病的特征性症状是，病鹑眼中流出一种灰白色干酪样分泌物，眼睑肿胀、黏合。成年鹑表现精神不振，食欲减退或废绝，体重下降，羽毛粗乱，眼被分泌物黏着，呼吸道和消化道抵抗力下降，易感染疾病。母鹑产蛋量明显下降，甚至停止产蛋。

【病变】主要病变为：眼、口、咽、呼吸道和泌尿生殖器官等上皮的角质化，肾及睾丸上皮的退行性变化。有的中枢神经系统也见退行性变化。

【诊断】病鹌鹑口腔、咽喉、消化道黏膜上散布有白色小结节或覆盖一层白色的豆腐渣样的薄膜，剥离后黏膜完整并无出血溃疡现象，为本病的特征性病变，此点可与鹌鹑白喉区别。严重者肾脏呈灰白色，有尿酸盐沉积，雏鹌鹑比成年鹌鹑的严重。小脑肿胀，脑膜水肿，有微小出血点。

【防治】

（1）预防。主要是注意饲料配合。日粮中应补充富含维生素 A 和类胡萝卜素的饲料，如鱼肝油、胡萝卜素、黄玉米、豆科绿叶、绿色蔬菜、水生青草、南瓜、苜蓿等。同时注意饲料的保存，防止发酵、酸败、霉变和氧化，以免其中的维生素 A 遭到破坏。全价饲料中添加合成抗氧化剂，防止维生素 A 贮存期间氧化损失；

改善饲料加工调制条件，尽可能缩短必要的加热调制时间。

（2）治疗。发病鹌鹑群，可在每千克饲料中拌入 2000～5000IU 的维生素 A。或用鱼肝油按 1%～2% 浓度混料，连喂 5 天，或补充含有抗氧化剂的高含量维生素 A 的饲用油，日粮约补充 1.1 万 IU/kg。对症状较重的，每只病鹌鹑口服鱼肝油 1/4 汤匙，每天 3 次。

过量维生素 A 可引起鹌鹑中毒，因此一定要控制剂量。

十三、维生素 B_1 缺乏症

维生素 B_1 又称硫胺素。硫胺素是碳水化合物代谢所必需的物质。由于维生素 B_1（硫胺素）缺乏而引起鹌鹑碳水化合物代谢障碍及神经系统的病变为主要临床特征的疾病称为维生素 B_1 缺乏症，又称多发性神经炎。引起该病的病因有：

（1）饲料中缺少富含维生素 B_1 的糠麸、酵母、谷粒及加工产品。

（2）饲料被蒸煮加热、碱化处理破坏了硫胺素。

（3）饲料中含有硫胺素拮抗物质而使硫胺素缺乏，如饲粮中含有蕨类植物、球虫抑制剂氨丙啉，某些植物、真菌、细菌产生的拮抗物质，均可能使硫胺素缺乏而致病。

【症状】

（1）多在 2 周龄以前发生，表现为麻痹或痉挛，病鹌鹑瘫痪坐在屈曲的腿上，头向背后极度弯曲，呈现所谓观星状姿势，有的因瘫痪不能行动，倒地不起，抽搐死亡。

（2）成年鹌鹑硫胺素缺乏约 3 周后才出现临床症状。病初食欲减退，生长缓慢，羽毛松乱无光泽，腿软无力和步态不稳。以后神经症状逐渐明显，开始是脚趾的屈肌麻痹，接着向上发展，腿、翅膀和颈部的伸肌明显地出现麻痹。严重者头向后仰，角弓反张呈典型的观星状姿势。由于腿麻痹不能站立和行走，病鹌鹑以跗关节和尾部着地，坐在地面或倒地侧卧，严重的衰竭死亡。

【病变】鹌鹑皮肤水肿；胃肠道有炎症，十二指肠溃疡；肾上腺肥大，雌性比雄性的更为明显；心脏右侧常扩张，心房较心室明显。

【诊断】主要根据发病日龄、流行病学特点、饲料维生素 B_1 缺乏、临床的特征症状——观星状和病理变化即可做出诊断。

维生素 B_1 的氧化产物是一种具有蓝色荧光的物质称硫色素，荧光强度与维生素 B_1 含量成正比。因此，可用荧光法定量测定原理，测定病禽的血、尿、组织，以及饲料中硫胺素的含量。以达到确切诊断本病和监测预报的目的。

【防治】

（1）预防。适当多喂各种谷物、麸皮和新鲜青绿的青饲料等含有丰富维生素 B_1 饲料。

（2）治疗。鹌鹑群一旦发病，应用硫胺素给病鹌鹑肌肉或皮下注射，数小时后即可见到疗效。也可口服硫胺素。病鹌鹑每千克体重口服维生素 B_1 2.5mg。肌肉注射为每千克体重 0.1 ~ 0.2mg。

十四、维生素 D 缺乏症

维生素 D 是调节鹌鹑体内钙、磷代谢的重要物质之一。维生素 D 缺乏症主要是由于日粮中维生素 D 供应不足而引起的钙、磷吸收和代谢障碍，发生以骨骼、喙形成受阻为特征的营养代谢性疾病。

由于母鹌在高产期中消耗维生素 D 较多，如果日粮中不能及时地得到补充，易发生本病。日粮中钙磷比例不合理等，也可以引起本病。

【症状】雏鹌缺乏维生素 D，在 2 周龄左右就可出现症状。发病的早晚和日粮中含维生素 D 及钙的含量多少有关。病初，雏

鹑双腿无力，走路不稳，喜欢蹲伏，喙和爪软而易曲，生长缓慢甚至停止。以后，关节肿大，胸骨呈弯曲状；产蛋鹑产薄壳蛋或软壳蛋，产蛋量下降，甚至完全停产，蛋的孵化率下降。喙、爪、龙骨变软。尤其是肋骨变形，后期长骨易折，关节肿大等。

【防治】

（1）预防。改善饲养管理条件，补充维生素 D；将病鹌鹑置于光线充足、通风良好的鹌鹑舍内；合理调配日粮，注意日粮中钙、磷比例，喂给含有充足维生素 D 的混合饲料。鹌鹑每千克饲料中维生素 D 含量应不少于 200IU。

（2）治疗。鹌鹑佝偻病可 1 次性大剂量喂服维生素 D 0.5 万～1.0 万 IU（仅喂 1 次），或肌肉注射维生素 D_3 1 万 IU（仅注 1 次）。

十五、维生素 E 和硒缺乏症

维生素 E 和硒缺乏症是由于日粮中维生素 E、硒供给不足或消化吸收障碍，引起的以脑软化、渗出性素质及肌营养不良为主要病变特征，且表现形式多样的营养代谢性疾病。其发病原因主要是日粮中维生素 E、硒供应量不足或饲料贮存时间过长等。

【症状】

（1）脑软化症。病雏表现运动共济失调，头向下挛缩或向一侧扭转，有的前冲后仰，两腿发生痉挛性抽搐，翅膀和腿呈不完全麻痹，采食减少或不食，最后衰竭死亡。

（2）渗出性素质。是由于维生素 E 和硒同时缺乏而引起的一种皮下组织水肿。多发生于 20～60 日龄的鹌鹑，比脑软化症稍晚。病鹌鹑生长发育停滞，羽毛生长不全，胸腹部皮肤出现青绿色浮肿。

（3）鹌鹑营养不良。又称白肌病。是由维生素 E、硒和含硫氨基酸共同缺乏时造成的。多发生于 30 日龄左右的鹌鹑。病鹌鹑表现为两腿无力，消瘦，站立不稳，运动失调，翅下垂，全身衰弱，最后衰竭死亡。

【病变】

（1）脑软化症。剖检病变主要在小脑，脑膜水肿，有点状出血，严重病例见小脑软化或青绿色坏死。

（2）渗出性素质。剖检时可见心包积液和扩张，胸部和腿部肌肉均有轻度出血。

（3）营养不良（白肌病）。剖检特征是肌肉外观苍白、贫血，并有灰白色条纹。病变主要发生在胸肌和腿肌。

【诊断】本病有多种类型，因此在诊断上必须依据流行特点、临床症状、病理变化和饲料中维生素 E 的含量检测结果进行综合分析，做出诊断。在鉴别诊断上，本病应与传染性脑脊髓炎相区别。在症状上脑脊髓炎头部有震颤现象，但一般不向前冲，而且脑脊髓炎不引起渗出性素质和白肌病，而维生素 E 缺乏症的 3 种类型常交织在一起。

【防治】本病初期多呈慢性经过，出现症状后常急性发作，治疗效果不理想，所以应以预防为主。

（1）预防。①防止饲料贮存期过长，不使用发霉的饲料喂鹌鹑。②饲料中应含足够的维生素 E 和硒。维生素 E 在新鲜的青绿饲料中含量较多，植物种子胚芽、植物油、豆类等含量也很丰富，所以日粮中谷实类、油饼类应占一定比例，并加喂充足的新鲜青绿饲料。一般在雏鹌鹑饲料中每千克饲料添加 0.1 ～ 0.2mg 的亚硒酸钠和 20ml 维生素 E 即可保证鹌鹑的正常需要。但添加时也不能超过太多，而且要搅拌均匀，以防中毒。③在饲料中添加抗氧化剂，减少维生素 E 的破坏。

（2）治疗。患脑软化的鹌鹑无法治疗，但对鹌鹑群可用维生素 E 治疗以防止发生新病例；渗出性素质、肌营养不良在治疗中除喂给维生素 E 之外，还应配合硒制剂和含硫氨基酸予以

治疗。①当鹌鹑发生本病时，可在每千克饲料中添加维生素 E
20 ~ 40ml、亚硒酸钠 0.2 ~ 0.4mg，蛋氨酸 3g，连用 7 ~ 10 天，
停药 6 天，再用 7 ~ 10 天，一般可收到较好的疗效。②注射用维
生素 E– 硒制剂，每毫升含维生素 E 50IU，硒 1mg。使用时，将
1ml 本品加 19ml 灭菌水稀释 20 倍后，每只肌肉或皮下注射 1ml，
注射一次即可。

十六、钙、磷缺乏症

钙、磷缺乏症是一种以鹌鹑佝偻病、骨软病症为特征的营养
代谢病。因为钙、磷在骨骼组成、神经系统和肌肉正常功能的维
持方面发挥着重要作用，所以钙、磷缺乏症是一种重要的营养缺
乏症。钙、磷缺乏症的病因主要包括以下几个方面：

（1）磷的缺乏，但大多数是由于维生素 D_3 的不足引起的。

（2）即使饲料中的磷和维生素 D_3 的含量是足够的，如果强
迫喂给过多的钙，也会促使发生磷缺乏而引起佝偻病。

（3）刚孵出的雏鹌鹑钙贮备量很低，若得不到足够的钙供应，
则很快出现缺钙。

【症状】

（1）佝偻病常常发生于 1 ~ 4 周龄的鹌鹑。病鹌鹑羽毛生长
不良，腿软，站立不稳，生长速度变慢，易骨折，胸骨变形。关
节肿大，跗关节尤其明显。病鹌鹑休息时常是蹲坐姿势。病情发
展严重时，病鹌鹑可致瘫痪。但磷缺乏时，一般不表现瘫痪症状。

（2）成年鹌鹑易发生骨软症，骨质疏松。骨硬度差，骨骼变形，
腿软，卧地不起，喙、爪、龙骨弯曲。

【病变】病鹌鹑骨骼软化，似橡皮样，长骨末端增大，骺的
生长盘变宽和畸形（维生素 D_3 或钙缺乏）或变薄而正常（磷缺乏）。
胸骨变形、弯曲与脊柱连接处的肋骨呈明显球状隆起，肋骨增厚、

弯曲，致使胸廓两侧变扁。喙变软、骨髓似橡皮样、易弯曲，甲状旁腺常明显增大。

【诊断】

（1）根据发病日龄、症状和病理变化可以初步判断。喙变软和患珠状肋骨，特别是胫骨变软，易折曲，可以确诊。

（2）分析饲料成分，计算饲料中的钙、磷和维生素 D_3 的含量发现其缺乏或不平衡，可以确诊。

【防治】

（1）预防。应注意饲料中钙、磷含量，保证比例适当，同时注意维生素 D 的给予。及时发现病鹌鹑，挑出单独饲养，减少损失。

（2）治疗。①如果日粮中缺钙，应补充贝壳粉、石粉；缺磷时应补充磷酸氢钙。钙、磷比例不平衡要调整。②如果日粮中已出现维生素 D 缺乏现象，应给以 3 倍于平时剂量的维生素 D，2～3 天后再恢复到正常剂量。

十七、蛋白质缺乏症

蛋白质是复杂的有机物质，主要由氨基酸组成，是禽类生长所需要的三大营养物质之一。它是组成鹌鹑体的主要成分，并组成酶、激素和抗体，参与鹌鹑体的新陈代谢活动。当饲料中缺乏蛋白质时，鹌鹑就可出现一种病态——蛋白质缺乏症。蛋白质缺乏主要是由于调配的日粮中蛋白质含量低，特别是动物性蛋白含量太少，或蛋白质的品质较差，或是所喂的蛋白质饲料中缺乏鹌鹑体所需要的氨基酸，如精氨酸、赖氨酸、蛋氨酸等。另外，其他一些影响蛋白质吸收的因素，也可引起本病的发生。

【症状】鹌鹑发病后，生长发育迟缓，皮下水肿，外观可见鹌鹑冠苍白等症状。由于血液中免疫球蛋白含量下降，鹌鹑的体质下降，抗病能力差，易继发其他传染性疾病而死亡。

【病变】剖检可见鹌鹑皮下脂肪、体腔及各脏器附近的脂肪不同程度消失或完全消失。皮下常有冻胶样水肿。心冠沟、肠系膜原有的脂肪消失。肌肉萎缩、苍白。

【诊断】在诊断时应注意本病有群发性的特点。若在饲料中补充一定量的蛋白质或调整日粮配比，或是更换饲料后，症状缓解或消失，即可确诊为本病。必要时可对日粮中的蛋白成分与含量进行分析。

【防治】

（1）预防。预防本病的根本措施是注意合理搭配日粮。在实际生产中，日粮中完全缺乏蛋白质是不存在的，常常是因蛋白质含量不足，或品质差，或是因缺少必需氨基酸所致。所以在调配日粮时，既要注意到蛋白质饲料的数量，又要注意到蛋白质饲料的质量和种类。动物性蛋白（如鱼粉、血粉等）和植物性蛋白（如豆饼、棉籽饼和菜籽饼等）的比例适当。鹌鹑日粮中蛋白质饲料的含量一般为18%～21%，动物性蛋白应不少于3%。

（2）治疗。在饲养管理中，应经常细心观察鹌鹑群，发现病情后应及时补给适量的蛋白质饲料或必需氨基酸类添加剂（赖氨酸、蛋氨酸等）。

十八、营养性衰竭症

营养性衰竭症是因营养摄入不足或机体能量消耗过度，导致体质亏损和全身代谢水平下降，以慢性进行性消瘦为特征的营养不良综合征。该病主要是由于机体营养供给与消耗之间呈现负平衡所致，主要有以下3个方面原因引起：

（1）营养供给不足。包括饲料供给量的不足和品质的低劣。食物数量不足，长期处于饥饿和半饥饿状态；饲料粗、干、硬，甚至霉烂变质。地区性缺钴或缺锌，引起体内微生态体系发育紊乱和食欲下降，维生素 B_{12} 合成不足，营养成分不足，是产生本病的主要原因。

（2）消化吸收障碍、能量利用率低。

（3）患有慢性消耗性疾病，如：布氏杆菌病、结核病、锥虫病、肝片吸虫病等，均因能量消耗过多，补充不足而发病。

【症状】典型症状是进行性消瘦，胸骨弯曲。随着病程的发展，全身骨骼显露，眼球内陷，站立无力，羽毛粗乱，易脱落。后期不会走路，两腿向两侧叉开，最后全身衰竭而死亡。病鹌鹑采食正常，直到濒死前 1～2 天仍能卧地采食，但食量明显减少。有些鹌鹑出现啄肛、啄羽等异嗜现象。

【病变】病死鹌鹑剖检可见皮下、肌间、腹膜下和肠系膜等处的脂肪全部消耗。全身肌肉严重萎缩、变薄，缺乏弹性，色泽变淡，个别胸部肌肉有血斑。心肌变薄，色淡，有的出血。肝脏变小，韧性增强，边缘锐薄。肾脏肿大，呈土黄色。多数肠管明显增厚，肠黏膜也有不同程度的淤血，盲肠、扁桃体肿大、出血。

【诊断】根据其显著的消瘦可做出诊断。但应注意，对原发性病因进行诊断，如慢性传染病、寄生虫病等。

【防治】

（1）预防。预防本病应加强饲养管理，喂给足量的营养丰富的饲料。同时应注意补给易缺少的微量元素钴、铜、锌等，定期驱虫、及时治疗原发病是预防本病的关键。

（2）治疗。一般是以补充营养，提高能量代谢为主。口服酵母片或酒曲，饮水中加入少量人工盐、碳酸氢钠，对食欲显著下降的，可适当注射葡萄糖液。葡萄糖液的注射应坚持 7～10 天为一疗程。

十九、黄曲霉毒素中毒

黄曲霉毒素中毒是人、畜、禽共患且具有严重危害性的一种疾病。是由黄曲霉菌代谢产生的一种有毒物质，具有强烈的致癌作用，对禽类有较大的毒害。鹌鹑对黄曲霉毒素比较敏感。中毒后以肝脏受损，全身性出血，腹水，消化功能障碍和神经症状等为特征。引起黄曲霉毒素中毒的原因主要是鹌鹑采食了质量差或保存不当发霉变质、含有多种霉菌及毒素的饲料。

【症状】

（1）雏鹌鹑中毒多呈急性，表现为食欲不振，精神沉郁、嗜睡、消瘦、冠苍白、贫血、排血色稀粪、叫声嘶哑、共济失调，以呈现角弓反张症状而死亡。

（2）青年鹌鹑耐受性稍高，中毒后多呈慢性经过，主要表现在精神沉郁，翅下垂，羽毛松乱、缩颈、食欲减退，呼吸困难，有的可听到沙哑的水泡声，少数可见浆液性鼻液。

【病变】剖检特征性病理变化主要在肝脏、肺与气囊。肝脏急性中毒时肿大，色泽苍白变淡，质变硬，有出血斑点，胆囊扩张充盈。肾脏苍白、肿大、质地变脆，胰腺也有出血点。胸部皮下和肌肉常见出血。慢性中毒时，可见肝脏硬化萎缩，肝脏中可见白色小点状或结节状的增生病灶，时间长的可见肝癌结节，肾出血，心包和腹腔有积水。肺和气囊呈弥漫性或局限性病理变化。

【诊断】发现黄曲霉毒素中毒的可疑病例，应立即调查病史，送检、测定可疑饲料样品中的黄曲霉毒素，结合临床症状，剖检特征性病理变化，综合分析做出诊断。

【防治】

（1）预防。加强饲料保管，防止饲料发霉，尤其是多雨季节。对质量较差的饲料可添加 0.1% 的苯甲酸钠等防霉剂。严禁喂发霉饲料，尤其发霉的玉米。对饲料定期做黄曲霉毒素测定，淘汰超标饲料。

（2）治疗。①饲料仓库如被黄曲霉毒素污染，应用福尔马林熏蒸或用过氧乙酸喷雾消灭霉菌孢子；对污染的用具、禽舍、地面可用20%石灰水消毒或2%的次氯酸钠溶液消毒。②目前无特效药物治疗。一旦发现中毒，立即更换饲料加强护理。对早期发现的中毒鹌鹑可投服硫酸镁、人工盐等盐类泻药。③中毒死禽因器官组织均含毒素，不能食用应该深埋或烧毁。病禽的粪便也含有毒素，应彻底清除集中用漂白粉处理，以防止污染水源和饲料。

二十、食盐中毒

食盐是维持正常生理活动所必需的物质，饲料里添加适量的食盐，可增强食欲，增强消化和促进代谢等功能。鹌鹑对食盐的需要量占饲料的0.25%～0.5%，以0.37%最为适宜，若过量则极易引起中毒甚至死亡。本病是因饲料配合时食盐用量过大，或使用的鱼粉中含盐量过高，限制饮水不当；或饲料中其他营养物质，如维生素E、钙、镁及含硫氨基酸缺乏，而引起增加食盐中毒的敏感性。

【症状】病鹌鹑表现燥渴而大量饮水和惊慌不安地尖叫，口鼻内有大量黏液流出，嗉囊软肿，拉水样稀粪，呼吸困难，运动失调，时而转圈，时而倒地，步态不稳，抽搐，最后衰竭死亡。

【病变】剖检病死鹌鹑，可见皮下组织水肿，食道、嗉囊、胃肠黏膜充血或者出血，腺胃表面形成假膜；血黏稠，凝固不良；肝大，肾变硬，色淡。病程长的还可见肺水肿、腹水，心脏有针尖状出血点。

【诊断】可通过测定病鹌鹑内脏器官及饲料中盐分的含量来做出准确的诊断。

【防治】

（1）预防。严格控制饲料中食盐的含量。一方面严格检测饲料原料鱼粉或者副产品的盐分含量，另一方面配料时添加的食盐也要求粉细，混合均匀。

（2）治疗。发现鹌鹑中毒后立即停喂原来的饲料，换无盐或低盐、易消化的饲料至康复。同时供给病鹌鹑5%的葡萄糖水或者红糖水以利尿解毒，对病情严重的另加0.3%～0.5%的醋酸钾溶液逐只灌服，中毒早期服用植物油缓泻可减轻症状。

二十一、痛风

痛风是由于鹌鹑体内蛋白质代谢障碍引起的一种高尿酸血症，血液尿酸水平过高，尿酸盐在关节囊、内脏、肾小管和输尿管中沉积而引起的一种代谢性疾病，多发生于肉仔鹌鹑和笼养鹌鹑。鹌鹑痛风分为内脏型痛风和关节型痛风，其中以内脏型痛风为主，关节型痛风较少见。痛风的原因主要有以下几方面。

（1）维生素A缺乏。维生素A具有保护黏膜的作用，缺乏时可使肾小管、集合管和输尿管发生角化与鳞状上皮化生。由于上皮的角化与化生，黏液分泌减少，尿酸盐排出受阻形成栓塞物——尿酸盐结石，阻塞管腔，进而发生痛风。所以，日粮中一定要补足维生素A。

（2）饮水不足。饮水不足是家禽痛风症的一个诱因。在炎热的夏季或长途运输时，若饮水不足，会造成机体脱水，促使尿浓缩，机体的代谢产物不能及时排出体外，而造成尿酸盐沉积在输尿管内，肾脏、输尿管被尿酸盐结晶阻塞，诱发痛风。

（3）饲喂高钙饲料。如果在饲料成品中过多地添加石粉和贝壳粉，造成高钙低磷以致钙磷比例严重失调，当饲料中 Ca^{2+} 过高时，大量的钙盐会从血液中析出，沉积在内脏或关节中，而形成钙盐性痛风。

（4）饲喂劣质饲料。饲喂劣质的鱼粉，这些鱼粉蛋白质含量低，盐含量高，往往掺有尿素；有的鱼粉甚至发霉。高含量的盐、尿素、霉菌及其毒素是造成肾损伤的不可忽视的因素。

（5）饲喂劣质的骨粉，这是痛风发生的又一个重要因素。各地加工骨粉的厂家很多，骨骼的来源不足，质量就难以保障，有的骨粉未经脱脂、脱胶、烘干即粉碎而成。其中含有的脂肪，胶质以及水分使骨粉极易酸败、霉变。有的甚至在骨粉中掺有大量的贝壳粉，造成高钙低磷，喂食后引起鹌鹑痛风。

（6）饲喂含蛋白质过量的饲料。在饲料中过量添加蛋白质饲料（如豆饼、动物内脏、鱼粉等），核酸分解产生的尿酸超出机体的排出能力，大量的尿酸盐就会沉积在内脏或关节中，而导致痛风。

（7）不合理地使用某些抗菌药物。许多药物对肾脏有损害作用，如磺胺类和氨基糖苷类抗生素等在体内通过肾脏进行排泄，对肾脏有潜在性的中毒作用。很容易造成鹌鹑的痛风。

【症状】主要分为内脏型和关节型。

（1）内脏型痛风。零星或成批发生，多因肾功能衰竭而死亡。病鹌鹑开始时身体不适，消化紊乱和腹泻。6～9天内鹌鹑群中症状完全展现，多为慢性经过，如食欲下降、贫血、脱羽、生长缓慢、粪便呈白色稀水样，多数鹌鹑无明显症状，或突然死亡。因致病原因不同，原发性症状也不一样。由传染性支气管炎病毒引起者，有呼吸加快、咳嗽、打喷嚏等症状，维生素A缺乏所致者，伴有干眼、鼻孔易堵塞等症状，高钙、低磷引起者，还可出现骨代谢障碍。

（2）关节型痛风。腿、翅关节软性肿胀，特别是趾附关节、翅关节肿胀、疼痛、运动迟缓、不能站立，切开关节腔有稠厚的白色黏性液体流出，有时脊柱，甚至肉垂皮肤中也可形成结节性

肿胀。

【病变】

（1）内脏型痛风主要病变在肾脏。肾组织内因尿酸盐沉着，形成以痛风石为特征的肾炎 - 肾病综合征。痛风石是一种特殊的肉芽肿，由分散或成团的尿酸盐结晶沉积在坏死组织中，周围聚集着炎性细胞、吞噬细胞、巨细胞、成纤维细胞等，有肾小管上皮细胞肿胀、变性。

（2）关节型痛风主要病变在关节腔。切开患病关节腔内有膏状白色黏稠液体流出，关节周围软组织以至整个腿部肌肉组织中，都可见到白色尿酸盐沉着，因尿酸盐结晶有刺激性，常可引起关节面溃疡及关节囊坏死。

【诊断】根据病鹌鹑典型的临床症状及病理变化：冠髯呈苍白色；白色稀粪；关节肿大，切开肿胀关节流出浓厚、白色黏稠的液体；内脏器官表面有白色尖屑状或絮状物等可做出诊断。

【防治】

（1）预防。①代谢性碱中毒是鹌鹑痛风病重要的诱发因素，因此日粮中添加一些酸制剂可降低此病的发病率。在鹌鹑日粮中添加高水平的蛋氨酸（0.3% ~ 0.6%）对肾脏有保护作用。日粮中添加一定量的硫酸铵（5.3g/kg）和氯化铵（10g/kg）可降低尿的 pH 值，尿结石可溶解在尿酸中成为尿酸盐而排出体外，减少尿结石的发病率。②日粮中钙、磷和粗蛋白的允许量应该满足需要量但不能超过需要量。建议另外添加少量钾盐，或更少的钠盐。钙应以粗粒而不是粉末的形式添加，因为粉末状钙易使鹌鹑患高血钙症，而粗粒钙能缓慢溶解而使血钙浓度保持稳定。另外，应充分混合饲料，特别是钙和维生素 D_3，尿酸剂也可以促进日粮中过量钙的排泄，以维持钙的平衡。同时，保证饲料不会被霉菌污染，存放在干燥的地方。对于笼养鹌鹑，要经常检查饮水系统，确保鹌鹑只能喝到水。另外，使用水软化剂可降低水的硬度，从而降低鹌鹑痛风病的发病率。

（2）治疗。硫胺类药物和离子型抗生素可以作为治疗痛风病的首选药物。另外，嘌呤醇可通过抑制尿酸合成而治愈痛风病，但会进一步加剧对肾脏的损害，所以剂量不得超过 25mg/kg 体重，并要混合均匀。

二十二、脱肛

鹌鹑脱肛主要是泄殖腔翻出于肛门之外，多见初产鹌鹑。发病后容易引起鹌鹑群啄肛而导致死亡。引起原因主要有以下几方面：

（1）运动不足、鹌鹑体过肥。

（2）日粮中蛋白质供给过剩。

（3）日粮中维生素 A 和维生素 E 缺乏。

（4）光照不当或维生素 D 供给不足。

（5）病理因素。泄殖腔炎症、白痢、球虫病及腹腔肿瘤等可引起脱肛。

【症状】病初肛门周围的绒毛呈湿润状，有时从肛门内流出白色或黄白色的黏液，以后即有 3～4cm 长的肉红色物脱于肛门之外，时间稍久，脱出部分变成暗红色，甚至发绀。如不及时处理，可引起炎症、水肿、溃烂。

【防治】

（1）预防。①注意饲养管理，日粮中的动物性饲料要减少。②加强运动，多晒太阳，防止鹌鹑群受惊。

（2）治疗。①立即隔离病鹌鹑，单独饲养以免引起啄肛癖。②病初可先用饱和盐水溶液热敷，以减轻充血和水肿；再用 0.1% 高锰酸钾水或生理盐水洗净，小心地推回原处，若再度脱出，可重新整复，每天处理 3～4 次，直到不再脱出。比较严重经上述

163

方法整复无效的，可采用肛门胶皮筋荷包式缝合法缝合治疗，即病鹌鹑减食或绝食两天，控制产蛋，然后在肛门周围用1%普鲁卡因注射液5～10ml分3～4点封闭注射，再用一根长20～30cm的胶皮筋作缝合线（粗细以能穿过三棱缝合针的针孔为宜），在肛门左右两侧皮肤上各缝合两针，将缝合线拉紧打结，3天后拆线即可痊愈。③如发生肛门淋（慢性炎症）环绕肛门形成韧性黄色白喉性假膜并有恶臭味时，可用金霉素软膏治疗。

二十三、啄癖

啄癖是鹌鹑单向或相互啄食个别部位或异物的一种恶癖。常见的有啄肛癖、啄趾癖、啄羽癖、啄食癖和啄伤口等，是鹌鹑常见的一种病。鹌鹑啄癖主要是由以下原因引起：

（1）饲养管理不当。饲养密度过大；不同强弱的鹌鹑混群饲养；饲养人员不固定，动作粗暴；饲料突然更换；饲喂不定时、不定量；鹌鹑群缺乏运动等。

（2）营养缺乏。饲料中缺乏蛋白质或某些必需氨基酸；缺乏食盐或其他某些矿物质微量元素；缺少某些维生素；饮水缺乏等。

（3）环境条件差。鹌鹑舍内环境温度、湿度过高；通风不良；夜间光线太强；突然受到噪音干扰等。

（4）疾病原因。鹌鹑患有体外寄生虫病，如鹌鹑虱、螨、蜱等；体表皮肤创伤、出血、炎症；脱肛等。

【症状】

（1）啄肛癖。这种恶癖最常见，多见于雏鹌鹑和患有鹌鹑白痢杆菌病的鹌鹑。表现为一群鹌鹑追啄某一只鹌鹑的肛门，造成其肛门受伤、出血，严重者泄殖腔或全部肠子脱出被食光，直至死亡。

（2）啄羽癖。表现为鹌鹑只自食或互相啄食羽毛，情况严重的，有的鹌鹑背上羽毛全部啄光，甚至被啄伤致死。

（3）啄趾癖。多发生于雏鹌鹑，鹌鹑群相互啄食脚趾而引起出血和跛行，重者脚趾坏死脱落。

（4）啄食癖。多见于育成鹌鹑或成鹌鹑，鹌鹑群争食某些不能吃的异物，如石子、沙子、石灰、破布、粪便等。

（5）啄伤口。表现为鹌鹑只啄食伤口及出血、脱肛形成异常颜色或化脓形成的异臭物等。

【防治】

（1）预防。①改善饲养管理。减少或消除容易引起鹌鹑啄癖的原因，如温度过高、湿度过大、通风不良、光线太强、饥饿、打架等。每天饲喂要定时定量，避免鹌鹑时饱时饥，并尽量保持鹌鹑舍安静。此外，应在鹌鹑舍内和运动场悬挂青饲料，借以增加其活动时间，减少互相追逐啄食的机会。②控制饲养密度。不同品种、日龄、体质的鹌鹑不要混养，公、母鹌鹑要分群饲养。一般情况下，每平方米的饲养密度为：鹌鹑1周龄时30羽，2周龄时25羽，3周龄时20羽，4周龄时15羽，5～6周龄时10羽。饲养密度合理，通风良好，鹌鹑群采食时不会拥挤，可减少啄癖的发生。③合理调制饲料。鹌鹑群要饲喂优质全价饲料，保证鹌鹑群不同生长阶段的营养水平。一般情况下，饲料中蛋白质的含量应保持在18%～20%，粗纤维的含量应保持在3%～5%，矿物质应占3%～4%，食盐应占0.3%～05%，特别应注意维生素A、维生素D、维生素E和B族维生素以及胱氨酸、蛋氨酸等的供给。饲料调制合理，营养全面，可很快缓解和消除啄癖。④控制光照强度。鹌鹑舍光照强度以鹌鹑看得到饲料和饮水即可。鹌鹑舍灯光的颜色最好是红色，可减少啄癖发生。

（2）治疗。①及时观察鹌鹑群，发现被啄伤、有外伤或脱肛的鹌鹑应及时挑出，隔离饲养、治疗，伤口涂上紫药水或鱼石脂

软膏等，这样既可挽救病鹌鹑，也可防止啄癖蔓延。②发现鹌鹑感染刺皮螨、虱等外寄生虫时，可用阿维菌素（虫克星）拌料喂饲（用量按使用说明书），疗效显著。③食盐疗法：在饲料中增加 1.5% ~ 2.0% 的食盐，连续喂 3 ~ 5 天，啄癖可减轻直至消失。但不能长时间饲喂，以防食盐中毒。④生石膏疗法：在饲料中加入生石膏粉，每只鹌鹑每天 1 ~ 3g，对啄羽癖疗效很好。

二十四、减蛋综合征

是由禽腺病毒属中的一种特殊病毒引起的禽的一种以减蛋或产异形蛋为特征的传染病。本病主要经卵传递感染。

鹌鹑、鸡、火鸡、鸭、鹅、珍珠鸡、麻雀等易感。本病毒主要侵害禽的生殖系统，导致卵黄排出的蛋壳形成机制发生紊乱，而使产蛋率下降，并出现无壳或软壳的异形蛋。

【症状】潜伏期约 1 周。成年鹑群突然出现产蛋量下降 20% ~ 30%，并出现 50% 的薄壳蛋、软壳蛋或仅有石灰样包囊的无壳蛋。蛋体畸形，蛋壳粗糙，颜色变浅，蛋清呈水样或混浊，蛋黄变淡，有时蛋清混有血液或异物。蛋的破损率较高。病鹑后期体况消瘦、贫血、腹泻。产蛋率下降可持续 4 ~ 10 周。

【病变】病鹑出现卡他性肠炎，卵巢萎缩或有出血，子宫及输卵管黏膜水肿，苍白、肥厚、输卵管内有白色渗出物或干酪样物质。子宫上皮细胞变性脱落，可见细胞核内有包涵体。

【防治】目前，对本病尚无有效的治疗方法，只能从加强饲养管理、卫生消毒、免疫、淘汰病鹑等多方面进行防治，发病时，可投用抗菌药物以防混合感染。从国外或外地进鹑时要检测母体抗体，杜绝阳性鹑进入健康鹑群；国内研制的"EDS-76""AV-127"毒株灭活疫苗及国外研制的 BC14 毒株油剂甲醛油苗，127 毒株 β-丙酸内酯纯化疫苗等都在防疫中发挥了重要作用。

二十五、感冒

一种常见的呼吸道病，是由感冒病毒引起的传染病。

不同日龄的鹌鹑均可感冒，1～30日龄雏鹑最易发生。因舍内温度高低不稳，窗户进入冷风，天气突然变化，接种疫苗和转群时两舍温差大等，均可引起该病的发生。如果不是整群发病，而是在距门、窗、通风口较近的地方的鹌鹑先发病，而后波及全群，则发病率高，死亡率低。这种现象如不及时治疗，会诱发慢性呼吸道病和传染性支气管炎，影响整个产蛋期的产蛋量。

【症状】最初发病听到鼻孔有"噗嘶"声音，继而有呼吸道声音，咳嗽，流水样鼻液，眼结膜发红，流眼泪，打喷嚏，"咻咻"甩鼻。严重时呼吸困难，进而发生传染性支气管炎或肺炎。病鹑精神不佳，病程可持续5～30天，久治不愈。

【防治】该病预防的主要措施是防止舍内温度大起大落，保持舍内温度稳定。在雏舍内温度应逐渐下降，不宜突然下降。转群前后两鹑舍内温差不宜过大。冬、秋和早春季节应注意保温，进风口设挡风板，防止冷风直吹到鹑身上。运输鹌鹑过程中注意保温、防止雨淋。成鹑饲养过程中应逐渐训练，使其对环境温度的变化产生适应能力。

治疗时在饲料中加入安乃近和地塞米松，每50kg饲料各加200片，适用3天。饲料和饮水中同时加入土霉素或多西环素，可增加治疗效果。

第八章　鹌鹑产品质量控制
及加工工艺

第一节　鹌鹑产品质量控制

鹑蛋与鹑肉是鹌鹑生产的主要产品，也是经济效益的主要来源。随着人民生活水平的日益提高，对鹌鹑产品的质量要求也越来越高，商品市场也愈来愈重视蛋与肉的质量安全，因此要求鹌鹑生产必须在育种、制种、饲料、饲养管理等诸方面共同协作，全面提高鹌鹑的肉蛋品质，以满足鹌鹑产品市场的要求。

一、鹌鹑肉蛋的特点

通常情况下，鹌鹑蛋的特点是：蛋壳很薄，平均蛋壳厚度为0.2mm。但有致密坚韧的内壳膜，其重量达0.1g。当保存合理时，鹌鹑蛋比鸡蛋有更长的保存期。另外，鹌鹑具早熟性的特征，肉质鲜美，风味浓郁，它们不仅生长发育的强度较高，并且具有较高的抗病力，公认鹌鹑肉的特点是有特殊的风味和较高的生物学价值。虽然蛋用型鹑以产商品蛋为主，其商品仔公鹑及淘汰的种鹑也做肉食用。在肉用鹑品种上市以前，基本上都是食用蛋用型仔鹑。而随着法国、美国的肉用型鹌鹑推广后，肉用仔鹑就占了相当比例，已在全国大中城市受到青睐。

在化学成分上，鹌鹑蛋和鹌鹑肉在化学成分上与其他禽肉相比无重大差别。唯鹌鹑蛋中维生素 A 含量较高，达 20μg/g；鹌鹑肉则在细嫩、质地、多汁性、味道、芳香味和生物学等方面指标较高，被列为著名的美味产品之一。

二、鹌鹑产品质量控制

1. 提高鹌鹑蛋的品质

（1）提高蛋重。由于种蛋与食用鹑蛋的蛋重直接关系到育种价值与经济价值，为此，可在每个品种之内，培育蛋稍重、大的品系，再进行品系杂交。在育种与制种的良种繁育体系中，应该能达到预期效果。但应注意适度。

（2）增加蛋黄色素。在生产实践中，笼养鹑的饲料中如能添加一些着色剂，它可以促使蛋黄色素达到罗氏比色级 7 级以上，也可使皮肤增加黄色素，对于增加白羽鹌鹑的喙、胫、脚与皮肤的黄色素更有裨益。常用的着色剂有天然产物（红玉米、红辣椒、苜蓿、松针、虾糠等）和化学合成产物（主要是胡萝卜素衍生物）。实践证明，在产蛋鹑饲粮中添加 0.24％ 的优质红辣椒粉，7 ~ 10 天后鹑蛋黄的黄色素即可加深，可达到罗氏比色级 9 级以上，如喂人工合成的 β - 胡萝卜素（呈紫红色或红色结晶粉末，其色泽鲜艳，价格比天然色素低），经 4 ~ 5 天，蛋黄色泽开始加深，经 2 周左右，可完全达到最深色泽（罗氏比色级 12 级以上），一般用量为 20mg/kg 以下，即每吨饲料添加 20g 以下。

此外，在饲料中添加少量浓缩的蛋黄沉积素，对加深蛋黄颜色效果也很好。

（3）保证饲料的蛋白质水平。饲料中蛋白质水平直接影响到浓蛋白的黏稠度，而浓蛋白的含量又是蛋白质的重要技术指标，而且鹌鹑的生物学特性之一，就是其中浓蛋白的黏稠度远

较鸡蛋为高。因此，要确保种鹑与蛋鹑饲料中粗蛋白质含量为22%~23%。

（4）增强蛋壳硬度。鉴于鹑蛋的生物学特点，蛋壳既薄又脆，因此在调配饲料选取钙质饲料时，应选取吸收率较高的钙质饲料，如碳酸钙、蛋壳粉、骨粉等，而贝壳粉的钙仅能吸收 1/2，石粉的钙仅能吸收 1/3。但为了平衡钙的含量，有时还要用石粉。此外，钙磷的比例是否合理是促进吸收的重要一环。在钙磷比例合适的情况下，注意补充维生素 D_3 的含量，以确保对钙磷的吸收率。必要时可在饲料中增添蛋壳坚固添加剂，也可在产蛋后期在饲料中适当增加颗粒状石灰石（颗粒直径 2.0mm），既可提高蛋壳质量，还可提高产蛋率与孵化率。

（5）防止饲粮氧化。饲粮储存勿超过半个月，并要存放在低温、干燥处，以减少氧化。为此，宜在饲粮中添加抗氧化剂（按每吨饲粮加入 250g），以防止饲粮中脂肪和羟基类胡萝卜素的氧化，增加羟基类胡萝卜素在蛋中的沉积。

（6）饲粮中添加天然色素。如橘皮含有丰富的蛋白质及铁、锰、锌等微量元素，尤以亮氨酸、赖氨酸的含量最高，还含有橙黄色的着色素和丰富的维生素 A，能改善蛋的色泽和香味。在日粮中添加 3% 的橘皮粉，不仅可以增强免疫力与抗病力，而且产蛋率提高，禽蛋质量得到改善，蛋黄色泽加深。

此外，饲料中可以添加的天然色素还有刺槐叶粉、聚合草粉、万寿菊粉、金盏花瓣粉等。前两种添加剂为 5%，万寿菊粉（花瓣烘干制粉）添加量为 0.3%，增色效果最好，国外列为家禽蛋黄、皮肤和脂肪增色剂。金盏花瓣粉添加量为 0.5%~0.7%，增色效果与红辣椒粉相同。紫菜干粉添加 2%，金菊花加 0.3%，啤酒糟加 0.3%，效果也可以。

2. 提高鹌鹑肉的品质

（1）选择鹑肉品质优良的品种。一般说来，肉用型仔鹑的鹑肉品质也优于蛋用型；而肉用型的品种间或同一品种内的品系间，其鹑肉品质也有差异，除根据品种或品系的有关肉质资料选择外，可在同样饲养环境条件下，集取各组的胸肌与腿肌进行分析化验，检测谷氨酸、肌苷酸和鸟苷酸的含量，以供选择。

（2）选择好鹌鹑的年龄。鹌鹑的年龄对肉质有很大影响，如肉用仔鹑（30～50日龄）的肌肉细嫩多汁，而淘汰的种鹑（180～300日龄）的肌肉质地粗老，但香味浓郁，各有各的优点，可适应不同消费者的需要。

（3）实施育肥技术。育肥技术不仅能增加屠体重、屠宰率，而且能大大改善肉的品质和增加适口性，提高商品等级与经济价值。因为，经短期育肥，脂肪积存于皮下，渗透于肌纤维间，更宜于烤、炸、煨等烹调风味，既增加了收入，又获得更高的产品效益。

（4）增加肉质风味。鹑经长期家养，其肉质的风味，尤其是香味有所减退，采取下列方法可部分地予以弥补：①在鹌鹑饲料中加入大蒜，其中含有丰富的改善肉味的某些成分，将有效地增加鹑肉的香味，且对鹌鹑的生长、防治胃肠疾病，增加食欲大有益处。大蒜粉添加剂占饲料的2%左右，即可奏效。②在鹌鹑的饲料中加入腐殖叶，也可以提高鹑肉的风味。据报道，只需收集树根周围已腐败的落叶，烘干磨粉后，添加量占饲粮的3%～5%即可。这是为什么放牧饲养的家禽和特禽都使肉质变优的原因之一。③尽量减少饲粮中的鱼粉、蚕蛹等动物性饲料的含量。由于鱼粉和蚕蛹的腥味，常常影响鹑肉（含鹑蛋）的正常风味。为此，应少喂鱼粉和蚕蛹，以代鱼粉替代（饲料酵母加豆饼与复合氨基酸）。另外，

在上市或屠宰前5～7天停止使用鱼粉、蚕蛹，既可降低饲料成本，还可防止大肠杆菌等污染。

（5）采取雏鹑断翼术。断翼术既有利于雏鹑生长，更有利于屠体品质的提高，经济效益好。

第二节　鹌鹑产品的加工工艺

鹌鹑产品经过加工，不仅改善了鹑蛋和鹑肉的风味，同时也提高了商品的等级与经济效益。在这方面我们既要继承我国传统的加工工艺，又要吸收国外的宝贵经验，同时还要努力开发新产品，研究新工艺，积极开拓国内外市场。

一、鹌鹑宰前的检验

鹌鹑宰前检验是指屠宰加工厂在鹌鹑屠宰前对活鹌鹑的检疫，是屠宰加工过程的一个重要环节。为了剔出病鹑，控制疫病的扩散，提高产品质量，除了在鹌鹑的收购、运输和入场等环节中要严格检疫外，在鹌鹑送宰时也应做好检疫工作。

鹌鹑的宰前检验以群体检查为主，辅以个体检查，必要时需进行实验室检验。群体检查是在鹌鹑的静态和动态下观察其精神状况、体表羽毛、粪便状况和食欲等，发现可疑的病鹑，立即提起作个体检查。个体检查主要是检查鹑的体表皮肤、口腔黏膜和泄殖腔黏膜的色泽和表面状况、分泌物状况、呼吸状况、神经症状、嗉囊积食情况及体温等，对疾病性质做出诊断，无法确定者可做病理解剖或微生物学检验。

经宰前检验确认健康合格的鹌鹑，准予收购、入场或送进屠宰车间屠宰，确定为患传染病或疑似传染病的鹌鹑，立即送往急宰间或无害化处理场紧急处理，并按卫生检疫规程处理。

二、鹌鹑的屠宰加工

活鹌鹑从宰杀放血到加工成胴体白条鹑的过程叫鹌鹑的屠宰加工。根据具体条件和加工要求不同，屠宰加工方法也不完全相同，基本工艺过程为宰杀、拔毛、净膛和产品整理。

1. 宰杀

（1）颈部放血法。又叫切断"三管"（血管、气管和食管）法。将活鹌鹑从咽喉部位割断颈动脉血管、气管、食管，再将鹌鹑倒悬，头朝下控尽血液。此种方法通过放血，血液能够流尽，屠体表面颜色好看。但是切口过大，容易造成微生物污染，而且有损屠体美观；同时食管被切断，胃内容物易流出，污染血液和屠体。

（2）折背法。从腰骨稍微往上将背骨用拇指压折，这时鹌鹑展翅挣扎，约 10 秒钟左右即可死亡；此种方法没有切口，不容易造成微生物的污染，而且屠体美观。缺点是没有放血，血液存留在肌肉内，在表层组织中凝固，使屠体皮肤发红，煮熟后的鹑肉色泽暗淡。

2. 拔毛

为了提高产品质量，拔毛可分为烫拔毛和干拔毛两种。

（1）拔毛。这种方法应用在颈部放血法上。烫拔时，要严格掌握烫毛的水温和时间。将宰杀的鹌鹑放入 55 ~ 60℃的热水中浸烫 0.5 ~ 1 分钟。在此期间可用木棍不停地翻动鹑体，使之各部受热均匀。拔毛时，可戴上胶皮手套，先拔背部的毛，然后是翅膀和尾部，其他部位的毛就容易拔了。拔净毛以后放在冷水中冷却、清洗；进行大规模屠宰时，可采用鹌鹑专用的脱毛机进行脱毛。

（2）干拔毛法。这种方法应用于折背法宰杀。拔毛时要按顺序小心拔除，趁鹑体体温没有散失之前，心脏还在跳动的时候将

毛拔掉。应先拔翅膀和尾羽，然后拔背部、腿部和颈部羽毛。用此种方法屠宰鹌鹑，熟练的工人每小时能加工 50 ～ 60 只。在拔毛过程中要注意避免损伤皮肤，影响屠体外观。

3. 净膛

将拔净毛的鹌鹑屠体放在案板上，用刀在鹌鹑右侧翅膀前的颈侧割一个小口，取出嗉囊。然后在腹部靠近肛门处割一个小口，去掉肛门，手指从刀口处轻轻伸进腹腔内，慢慢地拽出内脏，不要掏碎肝脏，以免碰破胆囊污染屠体。将掏净内脏的屠体放进清水中漂洗干净，捞出后整形。

4. 产品整理

将洗净屠体的右翼插进其喙内，从喙中穿出放回右翼下，再将双腿塞进腹腔内，然后沥净水分集中包装。

三、鹌鹑宰后的检验

在屠宰加工过程中要进行严格的兽医卫生检验。检查的方法主要是感官检查鹌鹑肉体和内脏的形态学变化，必要时进行病理切片检查和细菌学检查。感官检查主要是检查鹌鹑屠体表面、体腔和内脏的颜色及组织状况，有无变性、水肿、坏死、溃疡、假膜、结节、肿瘤和寄生虫等异常变化。根据检查结果，挑出不符合食用卫生要求和会传播疾病的产品，以保证产品的质量，并防止疫病的流行。

检查鹌鹑屠体时，应注意健康鹌鹑的皮肤颜色是否漂亮、细嫩，体态丰满圆润。如皮肤呈紫黑色，缺少光泽，体型干枯就是病态。但是，未经过速冻的屠体，放置时间过久也会出现上述情况。后裆肤色和屠体颜色相近，为健康鹑；肤色灰绿则为死鹑；肤色发黑、皮薄，即为淘汰母鹑。

四、鹌鹑产品的加工工艺

（一）鹌鹑肉的加工

肉用型鹌鹑体型大、肉质嫩、屠体肥硕漂亮；蛋用型鹌鹑则体型小，肉质相对老一些，但其风味浓郁。公仔鹑一般饲养30～35天，个体小，肉质嫩；而淘汰母鹑则个体大、皮厚、肉质粗糙,泄殖腔周围皮肤发黑。一般肉用鹌鹑多用于清蒸、清炖、油炸、烧炒等；仔公鹑适用于烧烤、油炸、清炒等；淘汰母鹑多用于红烧、扒闷、熬汤及制作罐头等。

1. 脱骨扒鹑

（1）配料。按淘汰母鹑10只计算，加食盐50g，花椒、大料、小茴香、草果各1g，三奈、良姜、白芷、丁香、桂皮、陈皮、肉蔻各0.5g，白糖少许。

（2）加工。将白糖炒成糖色，用水调好，抹在经过加工整形的屠体上。将沥尽水分的屠体放入油锅中炸5分钟，待炸至肤色呈金黄色时，迅速起锅。将炸好的屠体放入100℃的汤锅里煮，锅底预先铺垫一层铁丝网，使屠体与锅底有一段距离以防粘锅。投入料包，再加入酱油、食盐、白糖等佐料同煮，上面压上竹或铁篦子，防止屠体漂浮。大火烧开后改为小火焖煮，使肉烂骨酥，让料味浸透肌肉。待锅内不冒气、不泛泡时出锅。切忌煮得过烂，否则容易破头掉皮，影响美观。出锅时，漏勺要下得平稳，以保证成品形状完整。

（3）特点。成品屠体完整，肉烂、味透、能脱骨，具有浓郁的五香味，易消化，可供宴席冷盘用，为佐酒佳肴。

2. 熏鹌鹑

（1）配料。按淘汰母鹌鹑10只计算，加食盐15g，酱油5g，花椒、大料、桂皮各1g，鲜姜、大蒜各3g，黄酒6g。

（2）加工。将经过加工整形的屠体放入100℃锅中煮，加入酱油等各种调料，边煮边撇去汤面漂浮的沫子等。在此期间要翻动锅里的鹌鹑2～3次，以免屠体粘锅和成熟不均匀。煮1～1.5小时后将鹌鹑捞出，摆在铁箅子上。然后在锅里放些糖，将铁箅子放在锅里，盖上锅盖，点燃烧材，锅热后引起锅内的糖生烟，用此烟熏5～10分钟，便可打开锅盖。此时，烟将鹌鹑皮肉熏成红黄色。在熏好鹌鹑的皮肤上刷一层香油，成品熏鹌鹑即成。

（3）特点。成品体形完整，不破不碎，皮色红黄油润，清香鲜美。

3. 香酥鹌鹑

（1）配料。按10只仔公鹑体重计算，加食盐40g，大葱、鲜姜、桂皮、黄酒各10g，小茴香20g，花椒20g，植物油500g（实耗50g）。

（2）加工。将盐和小茴香混合好，在去头、扒皮、去爪的屠体内外仔细搓擦，再放入容器内腌渍1～2小时。将腌好的屠体背朝上放于容器内，加上大葱等各种调料，放在锅内蒸半小时。将蒸熟的鹌鹑晾干，放进油锅炸5分钟，至皮色呈金黄色并酥脆为止，出锅即成。也可蘸花椒盐食用。

（3）特点。整只鹌鹑，皮色金黄，肉嫩香脆。

（二）鹌鹑蛋的加工

鹌鹑蛋营养全面，且易被人体消化吸收。但其重量小，蛋壳薄而松脆易破，加之蛋壳色泽及斑点影响照检，在加工时一定要注意到这一点。

1. 盐水鹌鹑蛋

（1）配料。按10kg鹑蛋计算，需开水10kg，盐50g，花椒10g。

（2）加工。用凉水、温水均可，切不可用滚开水。将水朝一个方向搅动，放入鹑蛋，继续小心搅动使水旋转，其目的是保证蛋黄落在蛋的中心。水开后煮15分钟捞出。捞出的鹑蛋不要过凉水。应将鹑蛋放入盆内上下颠动，使其蛋壳破碎，然后从蛋的尖端剥离，这样鹑蛋才不会破损，成品率高。剥好的熟鹑蛋用水洗净，把花椒、盐放入开水中煮一会儿，冷却后捞出花椒倒盆，澄出沉淀物。将洗净的熟鹑蛋放入花椒盐水中进行腌制。腌制时间长短、盐分大小、要根据温度、口味来决定，一般经 1 ~ 2 小时鹑蛋即可入味。

（3）特点。鹑蛋外形完整，明亮光洁，美味可口，有特殊的蛋香味。

2. 无铅鹌鹑皮蛋

（1）配料。加工约 50kg 无铅鹌鹑松花皮蛋所需的配料标准：水 62.5kg，氢氧化钠 2.5kg，食盐 1.5kg，氯化锌 80g，五香粉 500g，红茶末 600g。加工前将红茶末、五香粉、食盐称量好，放进配料缸中，加入开水，并不断搅拌，待料溶解后加入氢氧化钠，并搅拌，冷却后加入氯化锌，拌匀，静置 24 小时备用。

（2）加工。无铅鹌鹑松花皮蛋加工用的鹌鹑蛋，应该是 5 天内的新鲜蛋，首先将鹑蛋中过大过小的（蛋重在 10 ~ 13g 为宜）、有裂纹破损的、无花纹的、脏的等不合格的鹌鹑蛋全部剔除。将选好的蛋，用清水洗净后，再装进无裂缝和砂眼、洁净的陶缸中，装缸时，鹌鹑蛋要放平放稳，当装到离缸口 20cm 时，盖上竹片，压上适当的石块，再灌料，将准备好的料液浇入缸中，灌到超过蛋面 5cm 时封口保存，注意保持蛋在缸中静止不动。鹌鹑皮蛋成熟最适宜的温度为 16 ~ 20℃，成熟时间 20 天左右。气温高时间稍短，气温低时间稍长，鹌鹑皮蛋成熟后，立即出缸用上清液清洗，摆在蛋盘上晾干，干后表面涂一层石蜡，再用塑料薄膜包装，保持效果更好，且便于食用、干净卫生。如果再将一定量的无铅

鹌鹑松花皮蛋用特制的蛋盒包装销售，使用起来就更方便了。

（3）特点。口味清凉，味道鲜美，放在冰箱中再拿出来做菜是很适合夏天的开胃凉菜。

3. 虎皮珍珠

（1）配料。按500g鹌蛋计算，植物油500g（实耗50g），花椒、盐、糖、醋、味素、时蔬各少许，根据口味配制咸、酸、甜汤汁。

（2）加工。将鹌蛋煮熟、去壳，粘生粉浆，置于滚油锅内炸成浅黄色，起锅落盘，时蔬垫底，加咸、酸、甜汤汁配之即成。

（3）特点。鹌蛋外脆内软，味香可口。

参考文献

[1] 林其騄.鹌鹑高效益饲养技术（修订版）[M]. 北京：金盾出版社，2006.

[2] 皮劲松.鹌鹑优良品种高效养殖技术 [M].北京：金盾出版社，2014.

[3] 韩占兵.鹌鹑高效健康养殖技术 [M].北京：金盾出版社，2016.

[4] 郭江龙，李荣和.蛋用鹌鹑高效益养殖与繁育技术 [M].北京：科学技术文献出版社，2011.

[5] 马美湖.珍禽野味食品加工工艺与配方 [M].北京：科学技术文献出版社，2002.

[6] 张立平，罗守进.怎样办好一个鹌鹑养殖场 [M].北京：中国农业出版社，2003.

[7] 杜金平.鹌鹑产业技术研究现状和发展方向 [J].中国家禽，2014，36（17）：2-6.

[8] 皮劲松，杜金平，申杰，等.鹌鹑研究进展 [J].安徽农业科学，2007，35（10）：2926-2927.

[9] 庞有志，赵淑娟.鹌鹑羽色遗传的研究及应用[J].遗传，2003，25（4）：450-454.

[10] 张巍，李绍章，杜金平.中国鹌鹑研究概况 [J].湖北农业科学，2012，51（24）.